V. 2009.
C. b.

GONIOTOMIE,

OU

MÉTHODE GÉNÉRALE

DE

PARTAGER UN *ANGLE* EN UN NOMBRE QUELCONQUE
DE PARTIES ÉGALES, EN N'EMPLOYANT QUE LA
RÈGLE ET LE COMPAS.

PAR

L. G. M. Brixhe,

Capitaine de Hussards, Chevalier de la Légion d'Honneur,

« Tel est l'effet des méthodes générales, quand on
» a une fois su les découvrir on est à la source, et
» on n'a plus qu'à se laisser aller au cours paisible
» des conséquences."
(*Fontenelle, éloge du marquis de l'Hopital.*)

A GAND,

Chez P. F. DE GOESIN-VERHAEGHE, IMPRIMEUR DE
L'UNIVERSITÉ, rue Hauteporte N° 37.

1820.

HOMMAGE

A SA MAJESTÉ

GUILLAUME IER,

ROI DES PAYS-BAS,

PROTECTEUR ET AMI DES SCIENCES ET DES ARTS.

L. G. M. BRIXHE,
Capitaine de Hussards, Chev. de la Légion d'Honneur.

AVIS.

Je poursuivrai comme contre-facteur quiconque débitera cet Ouvrage non signé de ma main.

Brishe

ERRATA.

Les lecteurs sont invités à rectifier les fautes suivantes avant de commencer la lecture de l'Ouvrage.

RECTIFICATIONS.

Pag. 6 lig. 26. Après *que* mettez *je.*
— 13 — 2. Après *entre* mettez *les dénominateurs.*
— 15 — 10. Après *corrélatifs* supprimez *à* et mettez *aux dénominateurs.*
— 14 — 11. Mettez une *s* à la fin de *produit.*
— 14 — 52. Mettez une *virgule* après *géométrie.*
— 15 — 24. Rayez *mouvans.*
— 17 — 12. Mettez une *virgule* après *arcs.*
— 18 — 10. Lisez *progression.*
— 19 — 4. Ajoutez un *e* à la fin de *prolongé.*
— 21 — 21. Lisez *sous-tendent.*
— 23 — 17. Après *du* ajoutez *premier reste sr.*
— 23 — 24. Lisez $3Bs = (2qr + op).$
— 25 — 29. Lisez *contiguë*, et corrigez la même faute page 29 ligne 30, et page 30 ligne 14.
— 26 — 14. Après le signe $=$ mettez *angle.*
— 29 — 13. Au lieu de xy mettez $x'y'$, et corrigez encore cette faute aux lignes 14 et 19 de cette page.
— 29 — 14. Après *que* ajoutez *le double de.*
— 31 — 7. Lisez *dont* au lieu de *donc.*
— 31 — 13. Otez *de l'arc* et ajoutez un *e* à la fin de *proposé.*
— 42 — 7. Après *indéfiniment* ajoutez *vers D.*
— 51 — 9. Après *D* mettez une *virgule.*
— 52 — 1. Après *coupera :* mettez (*Voyez la substitution à la fin de l'errata.*)
— 59 — 4. Au lieu de $3Be$ lisez $3be.$
— 59 — 26. Après *en n* mettez (*Voyez la substitution à la fin de l'errata*) et supprimez tout le reste jusqu'au paragraphe IV.
— 61 — 52. Lisez *point a.*
— 64 — 52. Lisez *bien.*
— 72 — 24. Lisez *hasard.*
— 73 — 18. Lisez *où.*

Substitution

J'ai dit page 51, que, *si par une droite, je divise de la même manière que dans le triangle GEh, l'angle homologue GHg du triangle hHg, cette droite sera aussi perpendiculaire au côté homologue qu'elle coupera.* — J'ai dit encore, page 60, que, *si du point j, je mène une droite au sommet A de l'angle fAc, cet angle-ci sera partagé de la même façon que le précédent; et attendu que nj est perpendiculaire sur Cd, de même jA sera perpendiculaire sur le côté homologue fd du triangle Adf.* — Dans chacun de ces cas j'ai commis une espèce de *pétition de principe,* en ce que j'ai fait concourir à la démonstration de l'*isoscélisme* de deux triangles semblables, une circonstance (la perpendicularité d'une droite) qui suppose l'existence même de cet isoscélisme problématique. Ainsi il faudra substituer la démonstration ci-après aux raisonnemens énoncés depuis la page 59, ligne 26 incluse, jusqu'à la ligne 5ᵐᵉ incluse de la page 61, raisonnemens à l'appui desquels il n'existe plus de figures. Et pour parvenir à la démonstration de ce que j'ai avancé à la page 51, il ne faudra que faire passer une circonférence de cercle par les points G, h, g, (*fig.* 19.) et faire enfin l'application exacte de la construction de la figure 25 : l'on reconnaîtra bientôt que la preuve de l'isoscélisme du triangle GEh sera identique à celle que nous allons donner pour la trissection. Ainsi, après avoir prouvé de cette manière que le triangle GEh, semblable à hHg, est *isoscèle*, il restera évident que la droite EF, perpendiculaire à Gh par construction, divise l'arc GFg en deux parties égales chacune à arc EG. Cette preuve rempla-

cera donc tout ce qui est dit depuis la ligne 2 incluse, page 52, jusqu'au *point* de la ligne 14, page id.

DEMONST. Après le *point*, ligne 26 page 59, ajoutez : je fais ensuite *AF* parallèle à *fn*, et je trace la
la corde *Fn*. Ainsi, par cette construction, l'on obtient le quadrilatère ou trapèze *AfnF*, et la circonférence *x*, *x*, se trouve divisée en cinq parties prin-
cipales qui sont les arcs *Af*, *fC*, *Cn*, *nF* et *FA*. —
Les cercles sont des figures semblables. Donc, si dans
un cercle quelconque je prends trois arcs *semblables*
à trois des cinq que nous venons de compter, il est
évident que le reste de ce cercle contiendra deux autres
parties semblables aux deux restantes des cinq ci-dessus.
Cela posé, je trace la corde *fC* ; et par les trois points
f, *d*, *C*, je fais passer une circonférence de cercle
y, *y*, dont le centre vient en *i*. Par-là l'on a l'angle
ACf qui se trouve *inscrit* à-la-fois aux deux circon-
férences *x*, *x* et *y*, *y*. Or cet angle a pour mesure
un arc de même valeur , soit qu'on le considère
inscrit à l'une ou à l'autre circonférence ; car , vu les
propriétés des angles inscrits , si je prolonge vers *k*
le côté *Cf*, et qu'avec les rayons *AB*, *Ci*, je décrive successivement, de *C* comme centre, les arcs
kl, *om*, ces arcs seront chacun la moitié d'un des
arcs compris entre les côtés de l'angle inscrit, selon
que chacun de ces derniers arcs appartiendra à la circonférence qui a pour rayon *AB* ou *Ci*. L'arc *fd* est
donc parfaitement *semblable* à arc *Af*. — Si je prolonge *Af* vers *E*, et que je mène *fD* parallèle à *AC*,
j'aurai l'*arc DC* = *arc fd* ; et comme l'angle *EfD*
= angle *EAC*, par construction , j'aurai aussi un arc
ED semblable à arc *fC*. Par-conséquent, puisque j'ai
déjà trois parties de la circonférence *y*, *y*, semblables à
trois arcs de la circonférence *x*, *x*, il est de toute

nécessité que les deux parties restantes, soient semblables aux deux qui restent encore de la circonférence x, x. Ainsi *arc* dC est homologue à *arc* AF,
et *arc* fE à *arc* Cn. Il reste donc évident en même
tems, que le petit quadrilatère $fDCd$ est parfaitement
semblable au quadrilatère $AfnF$; car l'un et l'autre
sont formés des cordes des arcs semblablement dis-
posés que nous venons d'examiner. — Or puisque
dans ces quadrilatères *inscrits*, il y a deux côtés
parallèles par construction, les angles adjacens à ces
côtés sont égaux entr'eux; c'est-à-dire, que les angles fAF, nFA, du quadrilatère $AfnF$, sont égaux
entr'eux et aux angles homologues DCd, fdC du
quadrilatère $fDCd$. Tous ces angles ont donc des *sup-
plémens* égaux. Par-conséquent l'angle Afn, supplé-
ment de l'angle fAF, est égal à angle Adf, sup-
plément de l'angle fdC : donc le triangle fAd est
isoscèle, et $Af = Ad$ ou $\frac{2}{3}AC$. Ce qu'il fallait
démontrer.

AVANT-PROPOS.

» L'Expérience, dit Helvétius (1), nous ap-
» prend que toutes nos découvertes sont des dons
» du hasard (2); que nous lui devons le premier
» soupçon de toute vérité nouvelle; que toutes les
» vérités de cette espèce sont, pour ainsi dire,
» saisies sans attention; que leur découverte par
» cette raison a toujours été regardée comme une
» inspiration, et qu'il n'est point en conséquence
» de poëte, ni de philosophe, à qui l'expression
» harmonieuse et brillante, claire et précise de
» ses pensées, n'ait coûté plus de soins et de
» travail que ses idées les plus heureuses. "

Cette assertion nous paraît trop absolue pour

---

(1) Livre de *l'Homme*, chap. 23. p. 255.
(2) » Il n'y point de hasard à proprement parler, mais il y a
» son équivalent : l'ignorance où nous sommes des vrais causes des
» événemens, a sur notre esprit l'influence qu'on suppose au ha-
» sard, y produit la même espèce de croyance, ou d'opinion. »

que le nom de celui qui l'a émise puisse nous imposer dans l'examen que nous en allons faire rapidement.

Il est des sciences qui ont pour objet les choses de fait, *et sur lesquelles le hasard exerce souvent une influence bien prononcée; car un* fait *peut arriver indépendamment de notre volonté, et pourtant fournir à notre esprit la matière d'une heureuse découverte si nous sommes doués de la faculté d'observer.*

D'autres sciences, celles qui reposent sur le raisonnement, semblent laisser peu de prise au hasard; telles sont les mathématiques pures, par exemple. » Dire que le carré de l'hypothé-
» nuse est égal aux carrés des deux autres
» côtés, *c'est exprimer une rélation entre des*
» *figures :* dire que trois fois cinq sont égaux
» à la moitié de trente, *c'est en exprimer une*
» *entre des nombres. Les propositions de ce genre*
» *se découvrent par de simples opérations de la*
» *pensée, et ne dépendent en rien des choses qui*
» *existent dans l'Univers.* N'y eut-il ni cercle,
» *ni triangle dans la nature; les théorèmes dé-*
» *montrés par Euclide n'en conserveraient pas*
» *moins leur évidence et leur éternelle vérité.* »

On ne trouve donc pas par-hasard un raisonnement tout formé, ainsi qu'on peut découvrir une nouvelle substance minérale ou recon-

naître de nouvelles propriétés à quelque corps,
et l'on ne doit point mettre sur le compte du
hasard les découvertes qui ont été le résultat de
combinaisons ou d'efforts rationnels, c'est-à-dire,
d'opérations de la pensée. A-moins cependant
qu'on ne prétende, comme Helvétius, que c'est
par-hasard qu'on acquiert primitivement les
moyens de porter son jugement sur les choses,
et remontant ainsi de hasard en hasard, arriver
jusqu'à celui de notre naissance, duquel tous les
hasards possibles ne sont que des conséquences
nécessaires. Une pomme se détacha d'un arbre,
dit encore Helvétius, pendant que Newton se
promenait dans un jardin, et c'est au hasard
de cette chute que l'on doit les découvertes que
cet homme célèbre fit sur la gravitation. Mais
dans cette hypothèse même, est-ce bien positi-
vement et spécialement à ce hasard que l'on doit
attribuer ces découvertes, et ne pourrait-on pas
encore demander par quel autre hasard M. Newton se trouvait dans le jardin où il vit tomber
la pomme ? De cette manière, ce serait le hasard qui nous procurerait les objets de nos idées
et de nos réflexions, notre pensée ne s'exercerait
jamais qu'en vertu d'un antécédent fortuit et non
par l'effet de notre volonté, notre esprit n'aurait
aucune qualité virtuelle, et nous ne serions enfin
que des instrumens passifs d'un destin aveugle.

Quant à moi, sans m'égarer à suivre cette filiation infinie de hasards qui nous amèneraient ainsi à produire tel ou tel effet, tel ou tel résultat, je pense que ce que l'on parvient à découvrir après en avoir prémédité la recherche, n'est point du domaine du hasard. Si, chemin-fesant, je trouve un objet quelconque, j'en fais la découverte par-hasard, c'est-à-dire, sans avoir antérieurement supposé que cet objet put exister. Mais si je ne crois pas impossible l'existence de ce même objet, et que j'aille en faire la recherche dans un lieu plutôt que dans un autre, alors je dois nécessairement, avant tout, avoir raisonné sur des données ou probabilités plus ou moins fortes pour me déterminer à cette recherche. Que je trouve, après avoir ainsi cherché; j'aurai réussi à trouver : je n'aurai pas trouvé par-hasard, mais en conséquence d'un dessein formé d'avance. Ici M. Helvétius vient lui-même à mon secours.

» En chymie, dit-il, c'est au travail du grand-
» œuvre que les adeptes doivent la plupart de
» leurs secrets. Ces secrets n'étaient pas l'objet
» de leur recherche; ils ne doivent donc pas être
» regardés comme le produit du génie. Qu'on
» applique aux différens genres de sciences ce
» que je dis de la chymie, on verra qu'en cha-
» cune d'elles, le hasard a tout découvert." —

*Ainsi les adeptes durent la plupart de leurs se-
crets au grand-œuvre; mais ces secrets n'ayant
pas été l'objet de leurs recherches, ils ne doivent pas être regardés comme le produit du génie:
voilà qui est parfaitement conforme au sentiment
que j'ai manifesté il y a un moment. Néanmoins,
si ces adeptes, qui cherchaient la pierre-philo-
sophale, avaient enfin trouvé ce qu'ils poursui-
vaient, à quoi, ou à qui, M. Helvétius, aurait-
il donc attribué leur découverte? Au hasard?
Mais l'or était l'objet de leurs recherches;
partant leur découverte eût été le produit du
génie. Par-conséquent il faut que des recherches
aient un objet fixe pour que le résultat n'en soit
point attribué au hasard, et en ce point, M. Helvétius s'accorde avec moi.*

*Pour atténuer de beaucoup l'influence exces-
sive, et si injurieuse à l'esprit humain, qu'il
veut que le hasard exerce dans toutes les sciences
en général, il faudrait, s'il était possible, faire
l'énumération des découvertes et inventions dues
aux prix et récompenses proposés soit par des
individus, soit par des gouvernemens, soit par
des sociétés savantes, et l'on resterait convaincu
que tous les produits de l'esprit humain ne sont
pas soumis à l'empire du hasard. Un empire
aussi universel, si jamais il était véritable, ré-
duirait presque l'homme à n'avoir qu'une vie*

organique ; tandis au-contraire » qu'il sent et
» aperçoit ce qui l'entoure, réfléchit ses sensa-
» tions, se meut volontairement d'après leur
» influence, et le plus souvent, peut communi-
» quer par la voix, ses désirs et ses craintes,
» ses plaisirs et ses peines (1). »

Cependant j'admettrai qu'un hasard peut nous
donner du goût pour une science et nous déterminer à en entreprendre l'étude : mais si, après
avoir aperçu une lacune dans cette science, on
se propose la découverte de ce qui la rend in-
complète, pour-lors on a un but positif, et le
hasard dans ce cas est nul, soit que l'on réus-
sisse ou que l'on échoue dans ses recherches.

C'est ainsi qu'après avoir vu dans les élémens
de géométrie, qu'il n'existait pas de méthode
Graphique *pour partager un angle quelconque*
en un nombre impair *de parties égales, je me*
suis proposé de chercher cette méthode, qui
n'était pas formellement déclarée introuvable,
et quelque soit la cause déterminante, ou for-
tuite selon Helvétius, qui m'ait jadis porté à
étudier la géométrie, il serait difficile de dire
comment mon ouvrage serait né de tel ou tel
hasard particulier, plutôt que de tout autre cause.
C'est ce que vais tâcher de mieux établir encore.

De loin-à-loin, c'est-à-dire, autant que la guerre

---

(1) BICHAT, Recherches physiologiques.

et les devoirs multipliés de mon état me l'ont permis, je me suis occupé premièrement de la trissection (1) graphique de l'angle. Les considérations qui m'ont encouragé à en poursuivre la recherche, c'est que l'impossibilité absolue de cette opération n'était point démontrée; que la division d'un angle, ou d'un arc, en trois parties égales n'est pas plus opposée à la raison que celle par deux; que tous les jours on fait des découvertes nouvelles, ce qui prouve que tout n'est pas connu, et que les bornes des sciences ne sont encore posées nulle-part. Je n'avais donc aucun motif de désespérer, alors même que j'étais dépourvu de moyens probables de parvenir à mon but. Aussi ai-je commis plus d'un cercle avant que d'arriver au résultat définitif que j'offre ici.

Cependant le fil qui m'a conduit aurait dû plutôt me tomber dans la main, si l'on n'allait pas souvent chercher bien-loin ce qui est tout-près de nous (2). Quoi de plus simple en effet que

---

(1) V. Appendice, art. 4. la raison qui me fait écrire *trissection* avec deux *s*.

(2) » Une espèce de fatalité veut qu'en tout genre les méthodes » ou les idées les plus naturelles ne soient pas celles qui se présen-» tent le plus naturellement. On se met presque toujours en trop » grand frais pour les recherches qu'on a entreprises, et il y a » peu de génies, heureusement avares, qui n'y fassent que la » dépense absolument nécessaire. Ce n'est pas qu'il ne faille de la » richesse et de l'abondance pour fournir aux dépenses inutiles, » mais il y a plus d'art à les éviter, et même plus de véritable » richesse. » (FONTENELLE, *éloge du marquis de l'Hopital.*)

de penser à observer ce qui se passe dans la génération des cordes, lesquelles, comme on sait,
dépendent de la progression des angles ou de leurs
arcs? Ainsi, c'est après plusieurs tentatives
infructueuses, et plus d'un essai aboutissant à
l'absurde, que je me suis mis à examiner ces
droites dépendantes de la circonférence et de
ses parties. On va voir le développement de ce
que j'ai remarqué à leur sujet, et les généralités
auxquelles j'ai pu m'élever, aidé quelquefois par
les analogies, qui, souvent, conduisent à la
vérité.

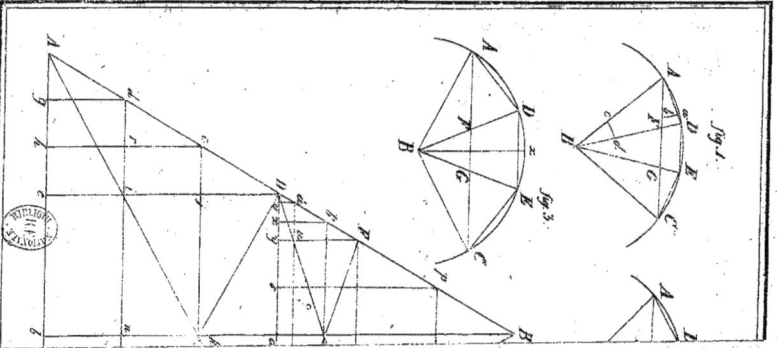

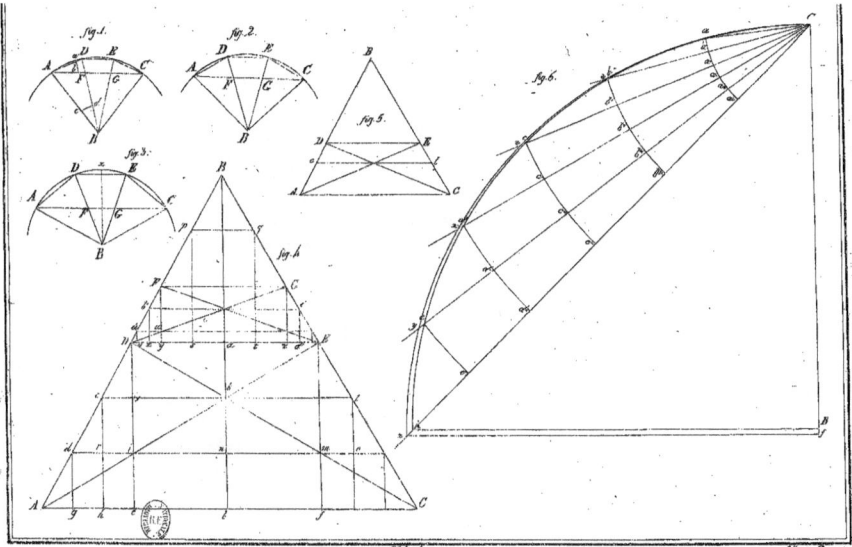

fig. 1.

fig. 2.

fig. 3.

fig. 4.

fig. 5.

fig. 6.

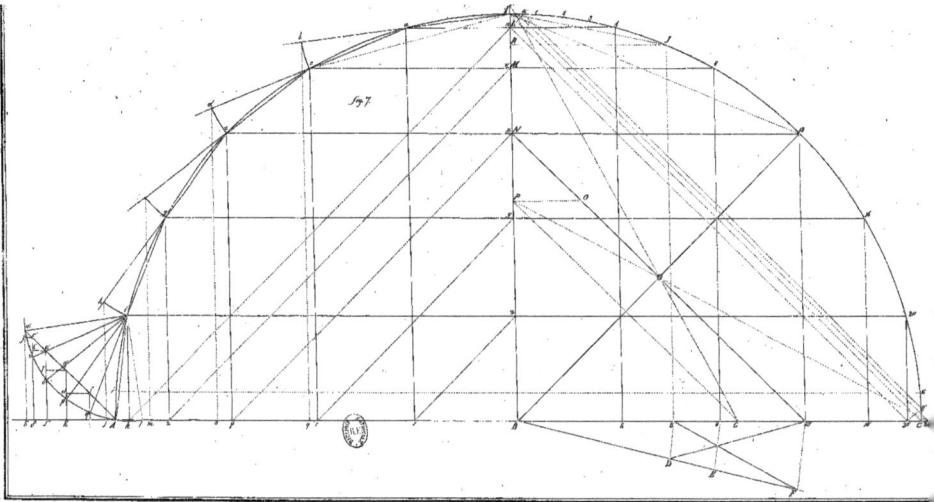

Fig 7.

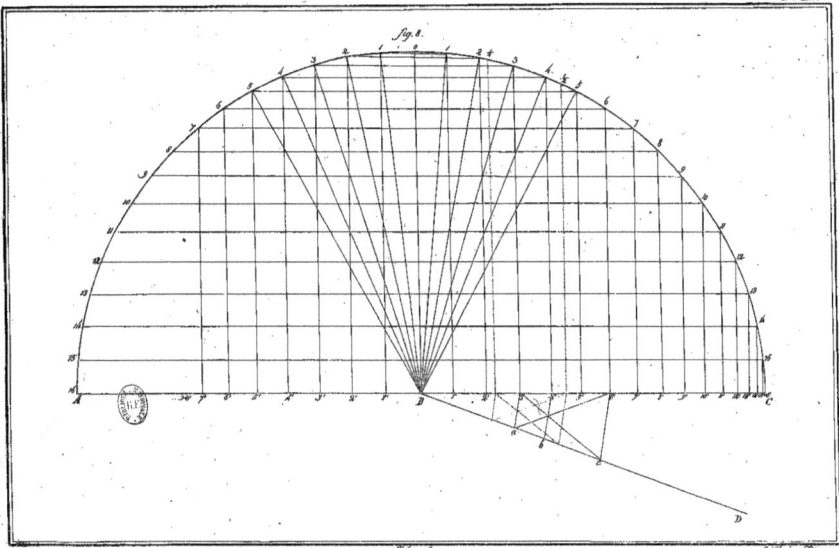

fig. 8.

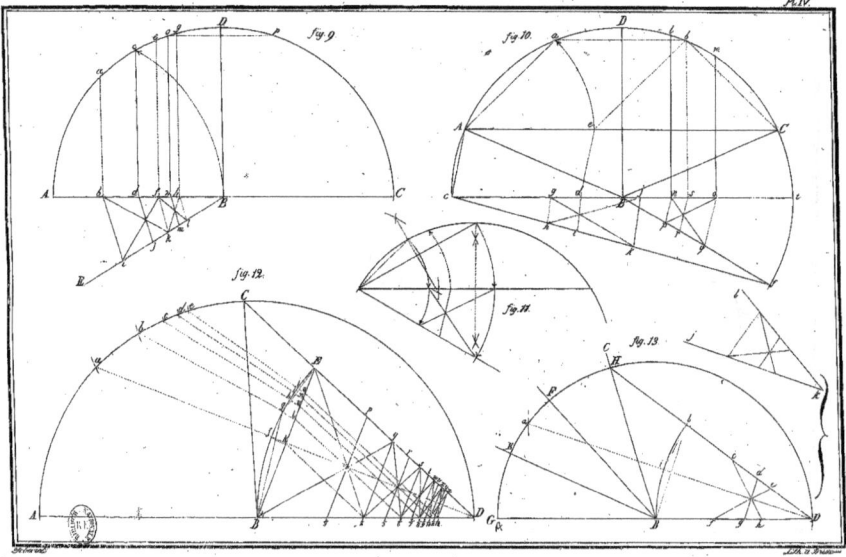

Pl. IV.

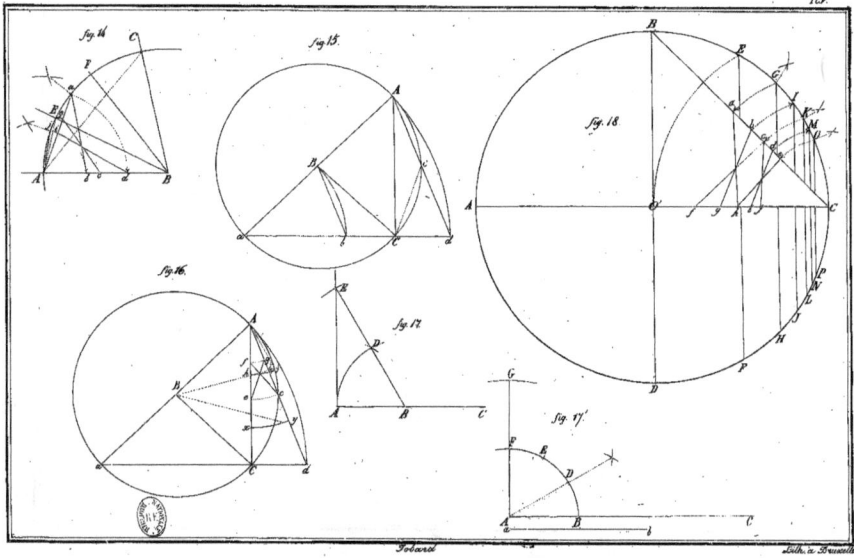

Pl. V

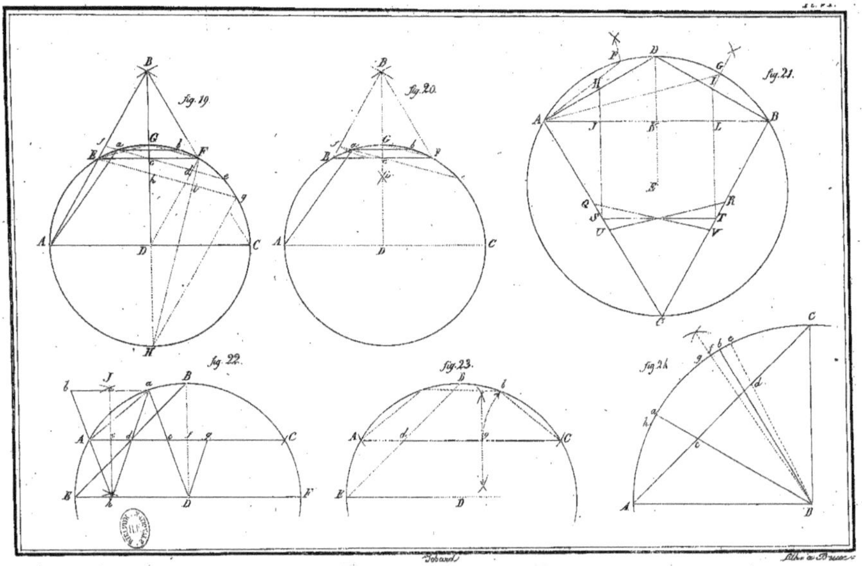

fig. 19.

fig. 20.

fig. 21.

fig. 22.

fig. 23.

fig. 24.

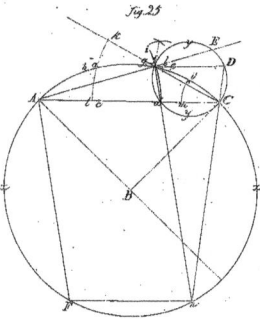

fig. 25.

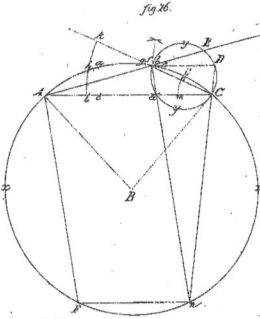

fig. 26.

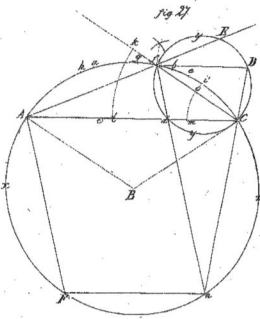

fig. 27.

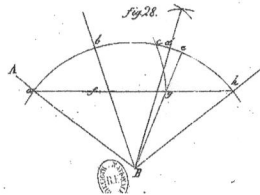

fig. 28.

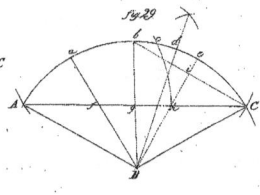

fig. 29.

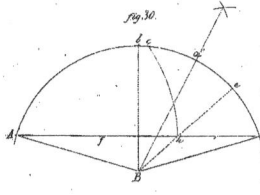

fig. 30.

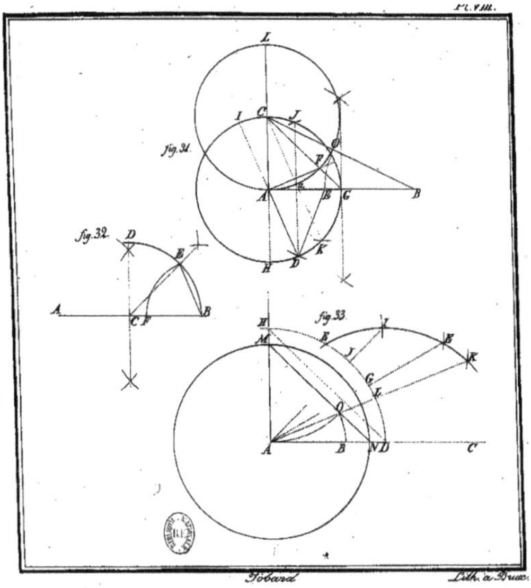

Pl. VIII.

fig. 31.

fig. 32.

fig. 33.

Jobard   Lith. a Brux.

GONIOTOMIE.

N° 1. — *Dans un angle dont l'arc est divisé en trois parties égales par deux rayons-diviseurs menés du sommet à l'arc de cet angle, la corde se trouve partagée en trois parties, dont les deux plus grandes, qui sont égales entre elles, sont aussi égales chacune à la corde du tiers de l'arc.*

Supposons qu'on ait trois angles *ABC* (*fig.* 1, 2, 3.) dont le premier, qui est *aigu*, est *composé* de trois parties égales prises *ad libitum*, le deuxième, qui est droit, est divisé en trois au moyen du rayon porté sur son arc, et le troisième, qui est *obtus*, est aussi composé de trois parties prises arbitrairement. Ces angles auront les mêmes lettres, attendu que la même démonstration leur est applicable. Ainsi, par construction, le triangle *DBE* est isoscèle, de même que son *semblable FBG*. Or le triangle *DAF* est aussi isoscèle, car il

2

est *semblable* aux deux précédens. En effet, l'angle *inscrit* DAC a pour mesure l'arc $\dfrac{DEC}{2} = DE$, qui est l'arc de l'angle au centre DBE : donc angle $DAC =$ angle DBE. De plus, les angles DFA, BFG, opposés par le sommet, sont égaux. Donc le triangle DAF est semblable au triangle FBG, et il est par conséquent isoscèle. Ainsi la corde $AD = AF$, qui est l'une des deux grandes portions de la corde AC : ce qu'il fallait démontrer. (Voyez appendice, art. 1ʳ.)

2. *Si dans le triangle isoscèle ABC (fig. 4.) l'on suppose que, des deux parallèles AC et DE, la première représente la moitié et la seconde le quart d'une certaine grandeur ou quantité, alors on obtiendra une droite qui sera terme proportionnel entre les deux précédentes et qui déterminera le tiers de la même grandeur, en menant par le point d'intersection des diagonales AE, CD, une parallèle aux deux premières.*

Nous supposerons d'abord que AC et DE sont commensurables, c'est-à-dire, exactement $∷ \dfrac{1}{2} : \dfrac{1}{4}$; on aura donc $AD = DB = BE = EC$.

Des points D, B, E, j'abaisse des perpendiculaires sur AC, qui sera par-là partagée en quatre parties égales Ae, eb, bf, fC. Je mène les diagonales AE, CD, qui se trouvent ainsi divisées chacune en trois parties égales par les perpendiculaires précédentes.

Maintenant il est évident que le triangle AEf

est semblable aux triangles *Aie*, *Akb*, et qu'attendu que *Ai* est le tiers de *AE*, *ie* est aussi le tiers de *Ef*, ou la moitié de *kb*. Par-conséquent, si, par les points *i* et *k*, l'on mène des parallèles à *AC* et *DE*, les droites *AD* et *EC* seront partagées chacune en trois parties égales, et *AB* (= *BC*) vaudra 6 parties égales. Or, si des points *d* et *c* l'on abaisse des perpendiculaires sur *AC*, il est clair que *Ae* sera aussi coupée en 3 parts égales, et que *AC* vaudra 12 parties semblables à celles de *Ae*; car *AC* = 4*Ae*. Mais *AC* n'est elle-même qu'une *moitié*; ainsi le *tiers* devra contenir 8 des susdites parties égales. En effet, *eb* + *bf* = *in* + *nm*, c'est-à-dire, 6 parties ou le *quart* du tout; or, si j'y ajoute *ri* d'une part, et *mo* de l'autre, j'aurai *ri* + *in* + *nm* + *mo* = *cl* = 8 des parties de *AC*, ou le tiers de la grandeur dont *AC* est la moitié. *Donc si l'on suppose, etc.*

3. Il est évident, en vertu des triangles semblables, *ABC*, *DBE*, que, si *AB* et *DB* étaient cette *moitié* et ce *quart* en question, *Bc* déterminerait le *tiers*.

4. Il est également évident que ce que nous venons de dire (n° 2.) aurait encore lieu, quelque fût d'ailleurs le rapport (commensurable ou non) de *AB* à *DB*, pourvu que ces lignes appartinssent à une grandeur dont *AB* déterminât la moitié et *DB* le quart : car, dans tous les cas, et tel que soit leur rapport, les triangles étant *équiangles*, on aura toujours (*fig.* 5.)

$$BD : DE :: BA : AC$$
$$\text{et } Bc : cl :: BA : AC$$

donc aussi $BD : DE :: Bc : cl$.

5. Pour avoir le 5e de la grandeur dont AC est la moitié, nous raisonnerons comme il suit. — Le 5e d'une quantité quelconque est entre le *quart* et le *sixième* de cette même quantité. Ainsi, puisque AC (*fig*. 4.) est la moitié et DE le quart d'une certaine grandeur, DE vaut 6 parties telles que AC en contient 12, c'est-à-dire $6Ag$. Le 6e ne contiendra donc que 4 parties semblables à Ag, et ce sera la droite FG. Si je mène les diagonales EF, DG, j'aurai le triangle $Du\,y$ semblable au triangle DGz : et comme les diagonales se trouvent partagées chacune en 5 parties égales par les perpendiculaires Fy, ps, Ba, qt, Gz, il s'ensuit que uy est le 5e de $Fy = Gz$, comme aussi Da' est le 5e de DF, et $D\nu$ le 5e de Dy. DE vaudra donc 30 parties telles que $D\nu$; et, attendu que $b'c' = xy + ys + sa + at + tz + zd'$, et que ces parties ensemble en valent 24 telles que $D\nu$, il est évident que $b'c'$ est le 5e de la grandeur dont AC est la moitié ; car $AC = 60$ parties telles que $D\nu$, et 24 est le 5e de 60×2.

6. Nous croyons superflu d'en dire davantage pour démontrer qu'on peut, dans tous les cas, employer les diagonales pour *insérer un nouveau terme proportionnel entre deux termes donnés d'une progression rectilinéaire ou de li-*

gnes droites. Ainsi, comme entre un *demi* et un *quart*, ou plutôt entre 2 et 4, c'est 3 qui est le seul terme proportionnel entier qui puisse être intercalé, de même qu'entre 4 et 6 on ne peut insérer d'autre terme en proportion que 5, et ainsi de suite pour 7, 9, etc.; par-conséquent, les *termes rectilignes* qui remplaceront les *numériques* 2, 4, 6, etc., fourniront, au moyen des diagonales (n° 2), des termes corrélatifs à 3, 5, 7, etc.

Nous aurons souvent à rappeler l'emploi des diagonales sous les mots de *méthode du N° 2*.

7. *Les angles sont les différens états de deux rayons indéfinis toujours unis par l'une de leurs extrémités, et se mouvant d'une manière continue soit en s'approchant, soit en s'éloignant.*

Pour-lors l'angle droit n'est qu'un degré simple, un chaînon de la succession progressive des angles.

Génération des Angles.

Que l'on suppose deux droites égales couchées l'une sur l'autre; que l'une d'elles se lève en pivotant sur une de ses extrémités, et continue ainsi son mouvement de conversion jusqu'à ce qu'elle se trouve parfaitement en ligne droite et bout-à-bout avec l'autre (ce qui fera l'équivalent d'un diamètre) : il est évident qu'il y aura un moment où ce rayon mouvant sera d'abord au quart, ensuite au tiers, à moitié, de sa conversion. A chacun de ces instans il formera donc autant d'angles particuliers plus ou moins ouverts que ceux formés avant ou après eux durant le mouve-

ment continu. Par-conséquent, tous ces angles, qui sont engendrés successivement et si
uniformément, deviennent les élémens les uns
des autres, et il n'y en a aucun qui ne soit
ou la moitié, ou le tiers, ou le quart, ou telle
autre fraction enfin, d'un angle qui *arrivera*
dans la révolution du rayon mouvant. Or,
l'angle *droit* ne peut être non plus lui-même
qu'un angle *composé*, qui a commencé par
l'agrégation des angles les plus infimes produit par le rayon mouvant. Il n'est donc qu'un
cas simple, un degré ordinaire dans la chaîne
des angles.

8. Cependant qu'entend-on communément
par ces mots *angle droit?* En géométrie on
dit que, *si la position respective de deux droi-*
tes est telle que les deux angles adjacens *qu'elles*
forment sont égaux, chacun de ces angles se
nomme angle droit, *et l'une des droites est*
dite perpendiculaire à l'autre. Or, cette manière de définir l'angle droit, est fondée sur
deux droites qui se coupent à-peu-près vers
leur milieu : mais dans la supposition que nous
avons faite, de deux droites égales qui s'ou-
vrent en restant unies par l'une de leurs extrémités, on sent qu'il ne peut exister *d'an-*
gles adjacens, et que par-conséquent il faut
une autre définition. Dans ce cas nous dirons
que *l'angle droit est celui qui est formé par le*
rayon mouvant dans l'instant précis où il est
à-moitié de sa révolution. Si j'ajoutais, comme
en géométrie *qu'alors ce rayon ne penche ni*

d'un côté ni de l'autre, cette expression ne serait pas juste; car ce rayon n'a d'une-part que la droite sur laquelle il était primitivement couché, et d'autre-part il n'a rien. La définition que nous venons de donner, est donc la seule convenable à notre supposition.

9. Nous avons démontré que les angles ne sont que les différens états d'un rayon mouvant, et que l'angle droit, considéré sous ce point de vue, n'offre qu'un degré ordinaire dé la grande succession des angles (N° 7). Nous ajouterons, que si l'on reconnaît à l'angle droit directement quelque propriété qui ne se manifeste pas dans d'autres angles, néanmoins on est en droit d'en conclure, par *analogisme*, que cette qualité dépend d'une loi commune à tous les angles. C'est ce qu'il faut démontrer en passant, et nous prendrons pour exemple la faculté qu'a l'angle droit de pouvoir être partagé en trois parties égales par son côté (ou rayon) porté sur son arc.

Le terme de la progression *croissante* des angles c'est la ligne droite formée par les deux rayons mouvans (N° 7) unis bout-à-bout; et le terme de la progression *décroissante*, c'est la cohésion parfaite des deux mêmes rayons. Supposons donc que ces deux côtés commencent *mutuellement* à se séparer pour concourir à former une seule droite, et que les cordes, qui suivent toujours la progression des angles et des arcs, glissent vers le sommet, le long d'un rayon tel que *Bx* (*fig.* 3), qui leur est

perpendiculaire, jusqu'à ce qu'enfin la dernière
corde, qui est aussi la plus grande, se con-
fonde entièrement avec les deux côtés devenus
ligne droite et leur soit égale : dès-lors il
n'existe plus d'angle. Ainsi, la progression
des angles commençant à *zéro* aboutit encore
à *zéro*, qu'elle soit croissante ou décroissante.
Mais (N° 1) la partie AF de la corde de
de l'arc de tout angle, est la corde du tiers de
l'arc dudit angle : or, dans le mouvement que
fera la corde AC en coulant perpendiculaire-
ment le long de Bx, il est visible que cette
partie AF grandira dans le même rapport que
le reste et qu'elle tendra à s'égaler au rayon.
Par-conséquent lorsque la corde se confondra
et fera une seule droite avec les côtés de
l'angle, le triangle GFB s'évanouira, et la partie AF égalera le rayon. Par réciproque celui-
ci, vu la propriété qu'a toujours AF d'être la
corde du tiers de l'arc dont elle dépend, le
rayon, dis-je, devient la corde du tiers de
l'arc soutenu par la plus grande corde possible, c'est-à-dire, par le diamètre. Partant,
la *moitié* de ce grand arc se composera nécessairement d'un des arcs soutendus par le
rayon et encore d'une moitié d'un de ces arcs.
On conçoit pour-lors comment *l'arc de l'angle
droit*, moitié de ce grand arc, peut être divisé,
ainsi que son angle, en trois parties égales
au moyen du rayon, qui, aussi, peut devenir la corde de la moitié d'un arc dont l'angle
est nécessairement engendré pendant que les

côtés mouvans continuent à se séparer.
l'on voit encore mieux ce que nous
déjà dit, que l'angle droit n'est qu'une
stance de la génération des angles: Il
en même tems démontré, que la pro-
qu'il affecte exclusivement de pouvoir
visé en trois par le rayon appliqué sur
c, rentre dans la règle générale du
ou plutôt n'en est qu'une conséquence.
'il fallait prouver.

Les cordes *suivent la progression des*
et des arcs et ceux-ci ne peuvent aug-
ni diminuer sans que les premières n'aug-
ht ou ne diminuent dans une proportion
gue.

Propor-
tionna-
lité des
cordes.

la moitié d'un arc, par exemple, doit
menter encore *d'un sixième* pour être
aux *deux tiers*, il est évident que la
e de cette moitié devra alors s'augmenter
quantité *relative et proportionnée*, afin
venir précisément la corde des ²/₃ et
utre que celle-là. *Il y a donc entre les*
ntes cordes des fractions-multiples d'un
ne proportion ou rapport subordonné et
ément corrélatif à l'agrégation progressive
rc qui est le diviseur commun des frac-
multiples.

Néanmoins, quoiqu'une corde grandisse
ure que son arc reçoit l'accroissement suc-
de parties égales à lui, les cordes ré-
it de l'agrégation de ces diverses fractions
ntr'elles dans un rapport *incommensurable,*

C

au-contraire de leurs arcs. Ainsi, bien que la moitié d'un arc soit à l'arc total $\div$ 1 : 2, les cordes de ces deux arcs ne sont pas entr'elles selon ce rapport, car la corde de la moitié d'un arc est toujours *plus grande que la demi-corde de l'arc total;* il en est de même pour le *tiers,* le *quart,* etc. d'un arc quelconque. Le rapport des cordes n'est donc pas assignable, et pourtant...... N° 12 ;

12. *Les cordes sont en progression* suivie et régulière *mais* PAR DIFFÉRENCE. C'est ce que nous allons tâcher de rendre évident.

Soit le segment AC d'un angle droit (*fig.* 6), dont l'arc est divisé en six parties égales par l'intermédiaire du rayon. La corde aC est donc celle du *sixième,* la corde bC celle du *tiers,* la corde cC celle de la *moitié* de l'arc, et ainsi de suite. De chaque point de section, et de C pour centre, j'abaisse des arcs sur AC : alors il est clair que la corde bC se compose de la corde aC, qui est celle de la moitié de l'arc baC, et d'une autre partie $ba' < aC$ (N° 11). Pour connaître de combien aC excède ba', je prolonge bC extérieurement à l'arc, et, portant aC de a' vers b, j'ai pour excès ou différence la petite portion ub du prolongement.

Maintenant il est tout aussi évident que la corde cC se compose des trois parties $a''C$, $b'a''$, cb', chacune relative à l'augmentation apportée par l'une des trois fractions égales de l'arc $cbaC$: elle se compose donc de la corde bC ou $b'C + cb'$. Alors, pour savoir de

combien ba' excède cb' (qui est la partie qu'il
faut ajouter à bC pour que celle-ci devienne
la corde des $^5/_6$ du grand arc), je porte ba'
sur cb' prolongé, ce qui produit $vc > ub$. —
En continuant d'opérer de la même manière,
on obtiendra $xd > vc$, $ye > xd$ et $zA > ye$. Or,
il est évident d'après celà que $aC - ub = ba'$:
donc $bC = 2aC - ub$, $cC = 3aC - (ub + vc)$,
$dC = 4aC - (ub + vc + xd)$, etc. : par-conséquent $Ae' + zA + ye + xd + vc + ub = aC$:
ce qui démontre que *corde* aC *diminue d'une
certaine quantité* (*qui s'augmente elle-même*)
*chaque fois qu'elle est de nouveau facteur d'une
autre corde, c'est-à-dire, chaque fois que l'arc
qu'elle soutend est ajouté à lui-même.*

Prouvons maintenant que *les différentes
quantités dont corde* aC *subit chaque fois la di-
minution, forment une progression croissante* —
A cet effet je tire zf parallèle à AB, coupant
en f le rayon BC prolongé, et j'ai deux triangles semblables ABC, zfC, qui sont *isoscèles*,
en vertu du triangle ABC : ainsi $zf = fC$.
Pour-lors on conçoit que si les différences ub,
vc, etc. ont augmenté d'une manière suivie et
régulière, l'extrémité z, du rayon zf mis en
mouvement vers C, décrira un arc qui se rap-
prochera constamment et uniformément de
l'arc AC, et dont les points y, x, v, u, fe-
ront partie; car le point z est lui-même l'extrémité du dernier excès zA. Avec zf pris
pour rayon je trace donc un arc, lequel vient
se terminer au point C en passant en effet

par y, x, v, u; ce qui donne l'angle curviligne
zCA, dans lequel les parties zA, ye, etc.
observant des lois semblables (puisque leur
distance respective sur le côté concave est par
tout égale à aC, et que leur déclination réciproque a pour mesure celle de l'un des angles inscrits et égaux aCb, bCc, etc.), elles
prouvent ainsi qu'elles sont en progression
constante suivant un rapport qu'on ne saurait
déterminer.

Si donc les excès des cordes sont en progression régulière, les cordes sont aussi en
progression en sens-inverse suivant le même
rapport inassignable; car la quantité qui a
concouru à les former par son addition à elle-
même, a diminué chaque fois d'une manière
aussi uniforme que les excès ont augmenté,
ainsi que nous venons de le voir. Partant,
on peut appliquer aux cordes la méthode du
N° 2, qui, dans toutes les circonstances, leur
conservera leur rapport tel qu'il soit (N° 4 et 6).

13. La progression que forment les cordes
est d'une nature particulière, puisque les cordes grandissent par l'agrégation répétée d'une
grandeur qui néanmoins diminue sans cesse :
elles s'augmentent, si on peut le dire ainsi, en
diminuant. Mais la quantité augmentative restant toujours supérieure à la diminutive, il en
résulte qu'il y a addition constante d'une
grandeur qui subit progressivement une petite
soustraction : enfin cette progression est à-la-
fois *croissante* et *décroissante*.

14. Il est facile de comprendre que, si l'arc
AC était divisé en parties égales infiniment
petites ou *points* égaux, et que l'on tirât de
C des cordes à tous ces points, le même raisonnement que tout-à-l'heure n'en subsisterait
pas moins, et il y aurait toujours progression
croissante pour les différences telles que *ub*,
vc, etc., et progression inverse pour la partie
additive, qui est toujours la corde de la première fraction de l'arc, quelque soit d'ailleurs
le nombre de parties égales que l'on suppose
à celui-ci.

Toutes ces cordes observeraient donc un
certain rapport entr'elles; et il faut remarquer
alors qu'elles seraient celles de tous les demi-
arcs depuis *zéro* jusqu'à la demi-circonférence,
puisque l'arc *AC* est celui de l'angle droit
par construction.

15. Voici une autre manière de rendre évi-
dente la proportionnalité des cordes dans un
arc dont elles soutendent les diverses fractions-multiples.

Soit une demi-circonférence *ABC* (*fig.* 7.)
dans laquelle le rayon *BI* est perpendiculaire
au diamètre. A l'aide du rayon je divise cet
arc en 12 segmens égaux, et, de chaque point
de section, j'abaisse une perpendiculaire et
je mène une parallèle au diamètre. J'appel-
lerai *projection* d'un arc la partie horisontale
du diamètre, telle que *Bs*, comprise entre
les deux parallèles *IB*, *as*, qui interceptent
l'un des 6 segmens de l'arc *AI*. Les projec-

tions se compteront en allant du centre *B* aux extrémités du diamètre. Or, la projection d'un segment, quelle que soit la position de celui-ci, n'est pas, dans le cas qui nous occupe, différente de celle de sa corde : ainsi, au moyen des cordes, l'on peut apprécier la *déclinaison* respective des segmens *Ia*, *ac*, etc., les uns à l'égard des autres, et prouver qu'alors leurs *projections* sont proportionnelles suivant une certaine raison.

On conçoit que s'il s'agissait d'avoir pour *ac* une projection égale à celle de *Ia*, il n'y aurait qu'à prolonger *Ia* vers *b*, faire *ab=Ia*, et du point *b* abaissant une perpendiculaire *bq* au diamètre, on aurait *qs* pour la projection demandée. Mais, au-contraire, il s'agit de la projection de *ab* après que celle-ci aura décliné d'une certaine quantité par rapport à *Ia*, c'est-à-dire, après qu'elle sera devenue la corde du segment *ac*; par-conséquent, si j'abaisse *bq* perpendiculaire au diamètre, la différence des deux projections de *Ia*, suivant que celle-ci occupe *ab* ou *ac*, sera égale à *qr*; *qr* est donc évidemment le résultat de la déclinaison du 2ᵉ segment, et de la place qu'il occupe à l'égard du premier *Ia*.

Comme tous les arcs des segmens sont égaux par construction, il est clair que tous les angles tels que *bac*, *dce*, etc., sont aussi égaux; car ils sont formés par la corde d'un segment et le prolongement de la corde du segment supérieur. Pour-lors chaque segment

éprouvera la même déclination par rapport à
son précédent, mais sa projection variera.
Ainsi, puisque ab ($=Ia$) a décliné de bc
par rapport à Ia, et que l'on a eu qr pour
la différence des projections de ab et de ac,
si l'on applique au 3e segment par rapport au
2e, ce que nous avons dit de celui-ci par
rapport au 1er, on obtiendra pour ce 3e segment une projection rp plus petite que la
projection sr de la quantité op, qui sera leur
différence.

En continuant de raisonner de la même manière à l'égard des autres segmens, on obtiendra successivement les différences de projections mn, jk, tA, lesquelles, comme au
N° 12, étant, chacune à son tour, retran-
chées du reste d'une certaine quantité primi-
tive (qui est ici la projection Bs), donnent
lieu à la formation des cordes. Ainsi Bs
($=au$, qui est la demi-corde de l'arc $2aI$),
fournit la demi-corde cv de l'arc $2cI$ si on
l'ajoute à elle-même après l'avoir diminuée de
qr. De même, pour avoir la demi-corde ex
de l'arc $2eI$, il faudrait $3Bs — (qr + op)$, et
ainsi du reste.

Prouvons maintenant que les *différences des
projections* forment une progression véritable.

Avec la corde Ai pour rayon, et de i pour
centre, je trace un arc indéfini Aa'. Du point
i je tire les rayons ip', io', in', ia', parallèles
à hg, fe, dc, ba, ce qui me donne les angles
$q'ip'$, $p'io'$, $o'in'$, $n'ia'$, égaux à Aiq', lequel,

par construction , est égal aux angles *igh*, *gef*, etc. Les perpendiculaires $a'b'$, $c'd'$, $e'f'$, $g''h'$, $i't$, peuvent donc être considérés comme représentant les perpendiculaires bq et cr qui ont produit qr; do et ep qui ont donné op, et ainsi de suite. Donc $b'd' = qr$, $d'f' = op$, $f'h' = mn$, $h't = jk$; et, ce qu'il faut remarquer en passant, tA n'est égale à aucune autre quantité et n'a point de relative sur le diamètre. Or, on voit que plus les sous-tendantes des petits arcs $a'n'$, $n'o'$, $o'p'$, etc., se rapprochent de *l'horisontale*, plus leurs projections $b'd'$, $d'f'$, etc., grandissent à-proportion ; et comme ce rapprochement s'opère d'une manière extrêmement régulière, puisque la courbure de l'arc Aa' est uniforme et que ses petits arcs sont égaux , il est évident que les projections de ces petits arcs, ou de leurs cordes, sont en progression suivie et régulière. Aussi donnent-elles lieu à une suite de petits triangles $a'j'c'$, $c'k'e'$, etc., semblables à $Aa'b'$, lesquels, par leurs hypothénuses, partagent l'hypothénuse du grand triangle $Aa'b''$ en parties $a'c'$, $c'e'$, $e'g'$, etc., proportionnelles et correspondant aux projections qui divisent proportionnellement le côté Ab'.

Attendu donc que les différences des projections Bs, sr, etc., sont en progression , les projections mêmes sont aussi en progression dans le même rapport ; car elles diminuent suivant que les différences augmentent. Or, les cordes se composant de projections , elles

observent également ce rapport : ainsi, de
même qu'au N° 12, elles grandissent par l'agrégation répétée d'une quantité qui décroît progressivement; elles sont donc proportionnelles
entr'elles suivant un rapport que la méthode
du N° 2 leur conservera tel qu'il soit.

16. Une suite nécessaire de ce qui précède,
c'est que les droites *sz*, *ry*, *px*, *nv*, *ku*, sont
aussi en progression selon le même rapport
inassignable, en vertu des triangles semblables *sBz*, *rBy*, *pBx*, etc.

17. Nous considérerons donc comme prouvé,
que *les cordes forment une progression par différence suivant une raison qu'on ne saurait déterminer; que néanmoins il y a proportionnalité,
et que par-conséquent on peut leur appliquer la
méthode du N° 2, avec la certitude d'obtenir
des résultats exacts.*

18. Cependant, malgré la généralité que nous
donnons à ce principe, il convient de faire remarquer une exception qui l'affecte, sans dé-
ranger toutefois le système de la proportionnalité : au-contraire, elle le confirme.

19. En comparant les projections des segmens égaux de divers arcs d'angles droits, on
sera à-même d'observer qu'*une projection quelconque n'est jamais égale à la moitié de la projection précédente, ni plus petite que cette moitié, si ce n'est la projection contigüe à l'arc.*
Il est facile de s'assurer de l'exactitude de cet
énoncé au moyen d'un arc divisé successivement en 2, 3, 4, 5, segmens égaux, et nous

n'en ferions pas un examen particulier à
l'égard de la division en 6 segmens, si cela
ne nous conduisait pas à un autre objet très-
essentiel.

20. Ainsi, quoique nous ayions dit que toutes les projections sont proportionnelles selon
certain rapport, nous allons démontrer, que,
*la projection extrême Ak n'est nullement en rap-
port avec les cinq autres, car elle est plus petite que
la moitié de la projection kn.* — Je continue l'arc
Aa' de A en l, et comme ik est perpendiculaire sur l'horisontale Al, il s'ensuit que Ak
$= kl$. L'angle $Ail =$ angle Aiq' ou $q'ip'$, etc. : car
l'angle $Aik = Iau$; or, celui-ci, par construction, vaut l'angle bIc inscrit à la circonférence
dont a est le centre, bI le diamètre et arc bc l'une
des parties : bIc a donc pour mesure la moitié
de l'arc bc; donc aussi $2Aik$ $(= 2bIc)$ a pour
mesure l'arc entier bc, lequel égale les arcs
Aq', $q'p'$, etc., par construction (N° 15). Donc,
les angles Ail, Aiq', etc. sont égaux. Partant,
la partie Al sera la *projection horisontale* de
l'arc Al, et elle sera en proportion avec les projections At, th', etc., lesquelles tendent progressivement à s'égaler à l'horisontale (N° 15).
Maintenant, il est clair que $tk = kn$, puisque,
par construction, $q'i = ig$: par-conséquent si,
de tk et de kn, on ôte de part et d'autre les deux
parties égales Ak, kl, les restes tA et ln seront
égaux. Or, la projection tA du petit arc Aq',
diffère fort peu de l'horisontale, étant celle
qui l'avoisine le plus : donc $tA + ln > Al$; et

aussi $\dfrac{tA + ln}{2} > \dfrac{Al}{2} = Ak$ ou $kl < ln$ ou tA.

Ainsi, il n'y a pas *égalité* entre kl et ln; Ak ($= kl$) est *plus petite* que $\dfrac{kl + lm + mn}{2}$, et elle n'est par-conséquent pas en proportion avec les cinq autres projections, conformément à l'énoncé du N° 19.

21. Pour que la 6e projection soit en rapport avec les autres, il faut donc, d'après ce qui précède, qu'elle soit *augmentée* d'une certaine quantité : mais comment déterminer cette quantité? C'est ce que nous allons examiner.

Soit l'arc de l'angle droit CBI, divisé en 6 segmens égaux qui donneront autant de projections, dont l'une (la dernière) ne sera pas en rapport avec les 5 autres (N° 19). Il est évident que le point 12 étant le milieu de l'arc, les demi-cordes $12..N$, $12..12'$, sont égales, et l'on a un carré $BN..12..12'$ dont la diagonale $N..12'$ est nécessairement égale au *rayon* $B..12$, qui est l'autre diagonale : $N..12'$ est donc la corde du tiers de la demi-circonférence, comme $I..12$ est la corde du quart. Or, si je porte $I..12$ sur $N..12'$, de $12'$ en Q, que je mène QP parallèle à $B4'$ et PG parallèle à $N..12'$, alors j'aurai $PG = I..12$, c'est-à-dire, que j'aurai dans PG et $N..12'$ deux quantités en proportion (N° 16). Nous avons vu (N° 2) comment, lorsqu'on a la *moitié* et le *quart* d'une grandeur, l'on insère entre ces deux premiers termes un autre

terme proportionnel , qui soit le *tiers* de cette
même grandeur. Mais si, au lieu de la moitié
et du quart, j'avais, comme ici, le *tiers* et le
quart, n'est-il pas vrai que, puisque l'intersection des diagonales marque toujours le *milieu du tiers*, en fesant passer les diagonales
par ce milieu, elles iront, étant prolongées
suffisamment, déterminer sur les côtés de
l'angle la position et la valeur de la *moitié*
de la grandeur proposée? Ainsi, dans le
cas présent, tirant par le point commun O,
milieu de $N..12'$, les diagonales PH, GK,
elles donnent, *extérieurement à l'arc*, les points
K et H, qui déterminent proportionnellement
jusqu'où les projections égales $20'..C$ et LI
doivent être portées , pour être en rapport
de progression avec les cinq autres projections.

22. Il résulte de ce qui précède, que la droite
HK est la seule qui, mise en progression
avec la corde $I..12$, puisse concourir à re-
produire le rayon. Ainsi, si conséquemment
à la méthode du N° 2, on pensait que CI étant
la corde de la *moitié* de la demi-circonférence,
et $I..12$ la corde du *quart*, il ne faut, pour
avoir la corde du *tiers*, qu'insérer un terme
proportionnel entre les deux premières cordes, on se tromperait gravement, et l'on n'obtiendrait par-là qu'une droite *approximative
du rayon*, laquelle par-conséquent ne serait
pas la corde du tiers de la demi-circonférence.

23. Il résulte encore du N° 21, que toutes
les droites qui, tirées parallèlement à HK

aboutissent entre 20′..H et LK, sont bien réellement en rapport avec les cordes des arcs-quarts d'un certain nombre de grands arcs, mais que toutes ne sont pas *cordes effectives de la moitié* de ces mêmes grands arcs. Or, il est évident que ces droites ressortissent aux grands arcs dont les cordes des moitiés se terminent aux arcs yC et xI; car la droite L..20′, qui tombe à l'extrémité de l'avant-dernière projection (qui est immédiatement en rapport avec les 4 précédentes), étant comprise entre y..20′ et xL parallèles à 12..B, elle est la corde de l'arc xy. Donc les arcs plus grands que arc xy prennent des cordes proportionnelles pour leurs moitiés, dans la suite des droites proportionnelles qui peuvent être comprises entre L..20′ et HK, comme on l'a vu pour corde CI, qui a HK pour relative. En conséquence, si je porte xy de I en $z′$, elle sera la corde de la moitié du grand arc soutendu par $z′r′$; et comme $z′C$ vaut environ la 24ᵉ partie de l'arc de l'angle droit, il serait toujours facile de reconnaître jusqu'à quel arc à-peu-près on peut appliquer *immédiatement* aux cordes entières, la méthode du N° 2 : mais passé l'arc de la corde $z′r′$ jusqu'à l'arc du diamètre, on n'obtiendra nul résultat exact par les cordes entières de la moitié et du quart d'un arc, sans avoir au préalable *completé* (N° 21) la projection contigüe à l'arc, laquelle doit déterminer les cordes *fictives* ou droites relatives et proportionnelles nécessaires.

Et voilà l'exception dont nous avons voulu parler au N° 18.

24. Puisqu'il a fallu obtenir dans *HK* (N° 22) une droite en rapport avec les cordes du *quart* et du *tiers* de la demi-circonférence., il est clair que, pour savoir avec quelles cordes de ces deux espèces *CI* (côté du carré inscrit) est en rapport, il faudrait d'abord connaître l'arc dont elle est la corde *fictive* de la moitié, afin d'avoir premièrement la corde du quart, et ensuite la corde du tiers par la méthode N° 2 : c'est ce que nous allons essayer de déterminer.

Nous avons vu que la projection contiguë à l'arc n'étant pas complète, il faut la porter jusqu'en *H* pour qu'elle soit en rapport avec les autres projections ; que dès-lors toutes les cordes fictives aboutissant entre 20′ et *H* sont en rapport entr'elles. Ainsi l'on peut faire cette proportion pour connaître la corde *effective* du demi-arc dont *CI* est la corde fictive :

Corde fictive HK : *corde effective CI* : : *corde fictive CI* : $x =$ *corde effective d'un arc plus petit que l'arc de l'angle droit.*

Ainsi, sur les côtés d'un angle quelconque, et à partir du sommet, je porte d'une part *HK*, et d'autre part *CI*, et j'unis leurs extrémités par une droite. Sur le même côté que *HK* je porte aussi *CI*, et, par l'extrémité de celle-ci, je mène une parallèle à la droite qui joint les extrémités de *HK* et de *CI* : le point marqué par cette parallèle sur le côté occupé par *CI* toute seule, donnera, jusqu'au sommet de l'angle, la corde effective de la moitié de l'arc dont CI est la corde fictive de la moitié. Prenant la corde du quart de cet arc, et la mettant en proportion avec CI, on aura, par les diagonales (N° 2), la corde réelle du tiers du même arc donc CI est la corde fictive de la moitié.

25. Si au-contraire on avait la corde *effective* de la moitié d'un arc très-voisin de la demi-circonférence, on ferait cette proportion : *corde effective CI : corde fictive HK :: corde effective de l'arc proposé : corde fictive cherchée.* Opérant comme dans le N^o précédent, on obtiendrait une droite qui, mise en rapport (par le moyen des diagonales) avec la corde du *quart*, fournirait la corde du *tiers* exactement.

26. Indépendamment de tous ces moyens, il en est un autre qui naît naturellement de cette considération, que *les moitiés sont entr'elles comme les tous.* Or en employant les *demi-cordes*, on arrive effectivement à toutes les solutions possibles. Nous avons dit que toutes les projections étaient proportionnelles excepté la dernière : mais les demi-cordes ne peuvent jamais atteindre cette projection ; car la plus grande corde possible d'un demi-arc pris dans la demi-circonférence est la corde $12..N..e$ (côté du *carré* inscrit), dont la moitié est $12..N = B..12'$ qui est encore comprise dans les projections qui sont immédiatement proportionnelles : il s'ensuit donc

que cette demi-corde est naturellement en rapport avec toutes les autres demi-cordes qui
peuvent être comprises entre B et $12'$, c'est-
à-dire, avec toutes les demi-cordes des arcs
depuis *zéro* jusqu'à la demi-circonférence. Par-
conséquent, en opérant d'abord sur ces demi-
cordes, d'après la méthode du N° 2, on obtiendra des résultats exacts. Par exemple:

Soit l'arc IC, primitivement partagé en 6
segmens, subdivisé en 24 parties ou petits
segmens égaux, et supposons que l'on veuille
avoir *l'arc-tiers de la demi-circonférence*. Le
quart de 24 étant 6, il est évident que RJ
sera la demi-corde d'un arc double de l'arc
IJ qui contient 6 petits segmens : N.. 12 sera
la demi-corde d'un arc double de l'arc I.. 12 :
la première sera donc la demi-corde du quart,
et la deuxième la moitié de la corde de la demi-
circonférence. Or, si entre ces deux quantités j'en insère une autre proportionnelle,
elle ne pourra être différente de $B8'$, car le
tiers de 24 est 8, et $B8'$ égale la demi-corde
$M8$ d'un arc qui vaut deux fois l'arc $I8$,
lequel contient 8 petits segmens égaux. J'applique donc au cas présent la méthode du
N° 2, et les diagonales D.. $12'$, $6'F$, par leur
intersection, déterminent la position d'une
parallèle $E8'$, proportionnelle entre $D6'$ et
F.. $12'$, laquelle aboutit précisément au pied
de la perpendiculaire $8'8$: et comme l'arc $I8$
est le tiers de l'arc IC, il est évident que
$B8'$ *est égale à la moitié du rayon, c'est-à-dire,*

à la demi-corde M8 d'un arc qui vaut le tiers
de la demi-circonférence.

27. Nous croyons inutile de dire que les
cordes entières tombent aussi sous le raisonnement du N° 5; car c'est une suite nécessaire de leur proportionnalité : nous n'insis-
terons donc pas sur ce point.

28. Avant de passer à l'application de cette
théorie fondamentale, et afin d'en prouver la
solidité par tous les moyens que nous croyons
péremptoires, nous allons, au risque d'être
taxé de prolixité, donner encore un exemple
qui soit comme la récapitulation des principes antérieurs.

29. Soit une demi-circonférence (*fig*. 8.)
que je divise en un grand nombre de parties
égales ou segmiens, en 32 par exemple. Le
rayon *Bo* est perpendiculaire au diamètre, et
je suppose que deux autres rayons, parfaitement coïncidant avec *Bo*, s'ouvrant par un
mouvement régulier et continu, prennent successivement les positions *B*1, *B*2, *B*3, etc.
Je joins, par des parallèles au diamètre, les
points de section de l'arc, et j'ai les cordes
1..1, 2..2, 3..3, 4..4, etc. Des mêmes points
de section j'abaisse des perpendiculaires au
diamètre, qui se trouve ainsi divisé en 32 projections, dont 16 pour chacune de ses moitiés. Ces 16 projections sont proportionnelles
entr'elles (N° 19); car chacune dérive immédiatement de la génération et de la position
du segment qui lui correspond dans l'arc; et

E

comme la courbure de cet arc est uniforme
et régulière, et que le mouvement continu
que nous supposons avoir engendré le dit arc,
a en même tems donné, par succession, naissance aux 16 projections, il est évident que la
réduction qu'a éprouvée chacune d'elles n'a pu
se faire que proportionnément au rapprochement que chaque segment a subi par rapport
au diamètre, pendant le mouvement généra-
teur des deux rayons mobiles. Par exemple,
si le segment 8..9 donne lieu à une projection
8'..9' $<B$ 1', c'est que ce segment est d'autant
plus incliné par rapport au diamètre, dont il
est aussi *plus rapproché*, que ne l'est le segment 0..1 correspondant à B 1' : par-conséquent sa projection doit nécessairement être
moindre que celle de 0..1, qui est plus horisontale. Les 16 projections de la moitié du diamètre sont donc proportionnelles (N° 19),
et il est évident que les cordes parallèles au
diamètre sont aussi entr'elles dans le même
rapport, car elles sont égales aux parties
1'..1', 2'..2', 3'..3', 4'..4', etc., du diamètre,
lesquelles parties se composent des projections doublées B1', B2', B3', B4', etc. D'où il
résulte que, pour avoir la corde d'un arc
tiers, cinquième, septième, etc., d'un arc donné, il n'y a qu'à faire aux cordes, ou à leurs
moitiés, l'application des N° 2 et 5.

Supposons donc que je veuille avoir la corde
du tiers de l'arc soustendu par la corde
12..12. Il est évident, d'après ce que nous

avons dit tout-à-l'heure, que $B..12'$ sera la moitié de la corde $12..12$. Mais les moitiés sont entr'elles comme les tous et *vice-versâ*; en conséquence la partie $B6'$ étant égale à la demi-corde de l'*arc-moitié* de celui qui est proposé, et $B3'$ à la demi-corde de l'*arc-quart*, si j'insère entre ces deux demi-cordes un terme proportionnel, il ne pourra être autre que $B4'$; car le tiers de 12 parties proportionnelles doit être 4 de ces parties. C'est en effet ce qui m'est confirmé par la méthode du N° 2, puisque la droite $b4'$, qui passe par l'intersection des diagonales $3'c$, $a6'$, aboutit précisément au point $4'$. Ainsi $B4'$ est la demi-corde du tiers de l'arc $12...12$; par-conséquent $4'..4'$ ($=4..4$) sera la corde entière.

On trouverait de même que $B3'$ qui, tout-à-l'heure, était la demi-corde du *quart* de l'arc $12..12$, devient la demi-corde du *tiers* de l'arc $9..9$; $B5'$ sera la demi-corde du tiers de l'arc $15..15$, et ainsi du reste. L'appendice placé à la suite de cet ouvrage, offrira (art. 4.) la *trissection* indépendante de tout système, d'aucun ensemble, et entièrement différente de celle que nous venons de démontrer. Nous y renvoyons donc.

30. Nous avons prouvé que l'angle au centre et l'arc intercepté entre ses côtés, augmentent ou diminuent dans le même rapport; que par-conséquent la progression de la corde suit celle de l'arc et de l'angle auxquels elle appartient; qu'il y a progression suivie entre

les cordes selon un certain rapport inassignable, et qu'en opérant sur les arcs au moyen
des cordes, on parvient à la solution de ce
qui concerne les angles ; qu'enfin ceux-ci sont
la fin et ceux-là les moyens : tous les *arcs* et
tous les *angles* sont donc susceptibles ,

1° D'être divisés en parties *paires*, par la
méthode connue si l'on veut :

2° D'être partagés en portions égales et *impaires* en mettant en progression rectilinéaire
les cordes des arcs pairs, et en insérant entre
celles-ci des termes proportionnels, qui seront
les cordes des arcs impairs. Ainsi, nous
croyons avoir suffisamment établi notre *théorie fondamentale* pour pouvoir nous occuper
immédiatement de quelques problêmes, pour
la solution desquels nous tâcherons de con-
struire les figures les plus simples, afin de
rendre la pratique plus prompte dans tous
les cas.

APPLICATION DE LA THÉORIE FONDAMENTALE
A LA SOLUTION DE QUELQUES PROBLÊMES.

PROLBÊME PREMIER. *On demande de déterminer au moyen des* demi-cordes, 1° l'arc-
tiers *de la demi-circonférence et celui de l'arc
de l'angle droit :* 2° l'arc-cinquième *de chacun
de ces mêmes arcs.*

Soit la demi-circonférence *ABC* (*fig.* 9)
sur le diamètre de laquelle le rayon *BD* est

perpendiculaire. On prendra en *a* la moitié
de l'arc *AD*, et en *e* le quart du même arc.
De *a* et de *e* abaissant des perpendiculaires
au diamètre, on a dans *bB* la demi-corde de
la moitié du grand arc *AC*, et dans *fB* la
demi-corde du quart du même arc (N° 26).
On porte *bB* de *B* en *i* sur une droite *BE*
indéfinie, et *fB* de *B* en *k :* tirant les diagonales *bk*, *if*, et par leur intersection la droite
dj parallèle à *bi*, on aura le point *d*, qui déterminera la demi-corde *dB* du tiers de la demi-
circonférence : de ce point élevant la perpendiculaire *dc*, on aura l'arc *Ac* pour le tiers
de la demi-circonférence, et l'arc *cD* sera le
tiers de l'arc de l'angle droit (N° 9). On obtiendrait également l'arc-tiers de la demi-circonférence et celui de l'arc de l'angle droit
en employant les cordes *entières* de la moitié
et du quart de *l'arc de l'angle droit*.

Pour avoir le *cinquième*, il faut insérer un
terme proportionnel entre le *quart* et le *sixième;*
or, l'arc *cD* étant *l'arc-sixième* de la demi-
circonférence, j'en prends la moitié au point
g, duquel j'abaisse une perpendiculaire *gh*,
qui me donne *hB* pour la demi-corde de l'arc-
sixième : *fB* est la demi-corde de l'arc-quart;
ainsi, menant les diagonales *fl*, *kh*, et par
leur intersection menant *mn* parallèle à *dj* ou
bi, j'obtiens le point *n*, qui détermine la demi-
corde de l'arc-cinquième de la demi-circonférence : de ce point élevant la perpendiculaire
no, j'ai l'arc *oD* pour cinquième de l'arc de

l'angle droit, et son double *op* pour cinquième de la demi-circonférence. Le problême est donc résolu.

PROBLÊME DEUXIÈME. *On propose de trouver l'arc-tiers du grand arc ABC (fig.* 10 *) en em-ployant, d'une-part, les cordes entières, et d'autre-part, en se servant des demi-cordes seulement.*

Nous commencerons par prévenir, que dans nos problêmes, l'on pourra employer les cordes entières de préférence, attendu que nous ne proposerons pas de diviser des arcs dont les cordes puissent tomber dans la sixième projection (N° 20). Revenons au problême.

Je tire la corde *AC*, et je prolonge l'arc en dessous des points *A* et *C*, de manière à ce que j'aie le diamètre *ct*, parallèle à *AC*. Du point *B* je tire la droite *Bf*, et de *c* la droite *cf*. Le rayon *BD* est perpendiculaire à la corde *AC*.

Pour opérer par les *demi-cordes* je prends la moitié en *m*, et le quart en *l* de l'arc *DC*; des points *m* et *l* j'abaisse des perpendiculai-res au diamètre, et je continue enfin l'opé-ration comme dans le problême précédent. J'ai donc *Bs* pour demi-corde du tiers de l'arc *AC*, et par-conséquent *ab* pour corde entière de ce tiers.

A l'effet d'obtenir le même résultat par les *cordes entières*, je prends les cordes *DC* de la moitié et *Dm* du quart de l'arc proposé, et je les porte, la première de *c* en *j* et en *k*, la

deuxième de *c* en *g* et en *h* : tirant les diagonales *gk* et *hj*, et par leur intersection menant *id* parallèle à *kj*, j'ai le point *d* qui détermine la longueur *cd* de la corde du tiers
de l'arc en question. Il faut donc que *cd* = *ab*.
Pour m'en assurer je trace la corde *Ac* à laquelle
je mène une parallèle *de*, et l'on a *Ae* = *cd* :
avec *Ae* pour rayon, et de *A* pour centre,
je décris un arc *ea* qui vient coïncider avec
l'extrémité *a* de la droite *ab* obtenue par les
demi-cordes : *Aa* égale donc *Ae*. Maintenant
si *Ae* = *ab*, il faudra que la parallèle menée
à *Aa* par le point *e*, aboutisse exactement au
point *b* : or, c'est en effet ce qui a lieu. Donc
ab = *cd*, et elles sont par-conséquent chacune
la corde de l'arc-tiers de l'arc *AC*; car, à
cause des parallèles *ab*, *AC*, l'arc *Aa* = arc
bC. Soit donc que l'on opère par les demi-
cordes ou par les cordes entières, les résultats sont identiques.

Si l'on ne voulait que diviser *l'arc d'un segment*, on opérerait comme l'indique la fig. 11,
dont il ne faut que faire l'inspection pour pé-
nétrer la solution.

PROBLÊME TROISIÈME. *On propose de trouver, par une méthode régulière, les cordes
paires et impaires* (1) *de l'arc de l'angle ABC
(fig.* 12), *en fesant d'ailleurs totalement ab-
straction de la manière ordinaire de partager*

---

(1) J'entends par cordes *paires* celles qui appartiennent aux divisions paires d'un arc, et par *impaires* celles des divisions im-
paires de ce même arc.

une droite, un arc ou un angle en deux parties *égales.* — L'on prolonge l'un des côtés de l'angle, AB par exemple, que l'on continuera vers D. Du sommet B, avec une ouverture arbitraire de compas, l'on trace la demi-circonférence ACD. L'on tire ensuite la droite CD, (que l'on prolonge vers C quand l'arc à partager vaut plus que le tiers de la circonférence) et, avec le même rayon qui a servi à tracer la demi-circonférence, l'on tracera, de D pour centre, l'arc BE, qui sera la *moitié* de l'arc AC, attendu que l'angle ADC étant *inscrit*, il a pour mesure $\dfrac{\text{arc } AC}{2} = $ arc BE. L'on trace la corde BE,

que l'on porte ensuite de C (extrémité du rayon ou côté BC) en a. Menant une droite de a en D, l'arc BE se trouve partagé en deux parties égales au point f: Ef sera donc la corde du *quart* de l'arc AC. On porte Ef en Ek; par le point k l'on mène $k\frac{1}{4}$ parallèle à ED, et par le point $\frac{1}{4}$ une parallèle à corde BE, ce qui donne $q\frac{1}{4} = Ek$ qui est la corde du quart de l'arc AC. L'on a donc ainsi deux premiers termes d'une progression rectilinéaire, entre lesquels on insère un terme proportionnel par le moyen des diagonales Bq, $E\frac{1}{4}$, et l'on a finalement $p\frac{1}{3}$ pour corde du *tiers* de l'arc AC.

L'on porte la corde $p\frac{1}{3}$ de C en b (ou encore de B en g), et menant une droite de b en D, l'on obtient, sur l'arc BE, le segment Eg pour *sixième* de l'arc AC. L'on porte donc

la corde Eg en El, l'on mène $l\frac{1}{6}$ parallèle à
ED, et $s\frac{1}{6}$ parallèle à BE : $s\frac{1}{6}$ sera donc la
corde du *sixième* et $q\frac{1}{4}$ celle du *quart* de l'arc
AC. Or, entre $\frac{1}{4}$ et $\frac{1}{6}$ il manque $\frac{1}{5}$, que l'on
obtient en menant, par l'intersection des dia-
gonales $q\frac{1}{6}$, $s\frac{1}{4}$, une parallèle à BE, ce qui
donne $r\frac{1}{5}$ pour corde du *cinquième* de l'arc AC.

Maintenant il s'agit d'avoir la corde du *huitième* de l'arc AC. Pour cela il faut prendre
Ef, la porter de C en c, tirer une droite cD,
qui donnera, sur l'arc BE, le segment Eh
pour huitième de l'arc AC. Ainsi, portant la
corde Eh en Em, menant $m\frac{1}{8}$ parallèle à ED,
et $u\frac{1}{8}$ parallèle à BE, l'on a les deux termes
$s\frac{1}{6}$, $u\frac{1}{8}$, entre lesquels il faut insérer un terme
proportionnel qui sera $t\frac{1}{7}$.

Pour avoir les cordes du *dixième* et du
douzième de AC, l'on portera les cordes du
cinquième et du sixième de C en d et en e,
et les droites dD, eD détermineront, sur
l'arc BE, les segmens Ei, Ej, qui seront l'un
le dixième et l'autre le douzième de l'arc AC.
Il ne reste donc plus qu'à porter les cordes
Ei, Ej, en En, Eo, tirer les parallèles $n\frac{1}{10}$,
$o\frac{1}{12}$, et opérer enfin pour le reste ainsi que
nous l'avons vu déjà : ce qui donnera $v\frac{1}{9}$ et $y\frac{1}{11}$
pour cordes des arcs qui sont l'un la *neuvième*
et l'autre la *onzième* partie de l'arc AC.

Il est évident que l'on obtiendrait, en continuant ce mode d'opération, un plus grand
nombre de cordes encore : cette méthode est
donc régulière et générale, et elle subsisterait

quand même l'on ne connaîtrait pas la manière usitée de partager un angle en deux également.

PROBLÊME QUATRIÈME. *On propose de divi-ser l'angle ABC en trois parties égales (fig.* 13.)

Nous donnerons diverses constructions pour la solution de ce problême.

1.º Je prolonge indéfiniment le côté *AB* de l'angle donné. Avec une ouverture arbitraire de compas, mais pourtant pas trop exiguë, je trace, du sommet *B* comme centre, l'arc ou demi-circonférence *GD*. Du point *D* pour cen-tre, et avec le même rayon *BG*, je trace l'arc indéfini *Bb*. Je tire ensuite la corde *DH*, et, du point *b* pour centre, avec le rayon *BG*, je trace en *a* un petit arc sur l'arc de l'angle donné. L'angle inscrit *GDH* a pour mesure la moitié de *GH*, c'est-à-dire, *Bb*. Le point *a* est également éloigné de *B* et de *b*, puisque c'est avec le même rayon qu'on a tracé les deux arcs qui se coupent en *a* : donc la droite *aD* coupe en deux l'arc *Bb*, ce qui donne *bi=iB* pour la corde du *quart* de l'arc de l'angle donné. Je porte la corde *Bb* de *D* en *f* et en *c*, et la corde *bi* de *D* en *h* et en *e*. Tirant les dia-gonales *ch*, *fe*, j'ai finalement *Dg = Dd* pour corde du tiers de l'arc de l'angle proposé (N.º 3). Avec cette corde pour rayon, et des points *G* et *H* pris successivement pour cen-tres, je trace deux petits arcs en *E* et en *F*, et, tirant du sommet de l'angle, des droites *BE*, *BF*, par les points de section, l'angle se trouve partagé en trois parties égales.

Ainsi le probléme est résolu.

II.º On peut, pour éviter de surcharger de lignes la figure donnée, tracer à-part un angle quelconque *jkl*, sur les côtés duquel on portera les cordes de la moitié et du quart, et l'on opérera pour le reste comme dans la construction précédente.

III.º Après avoir, par la méthode connue, partagé l'arc *AC* (*fig.* 14) en deux parties égales en *a*, et subdivisé l'une de ces parties en deux autres aussi égales en *j*, l'on tire la corde *Aa* de la moitié et on la porte sur *AB* de *A* en *d*: l'on porte de même la corde *Aj*, du quart, de *A* en *i* et en *b*; ensuite, tirant les diagonales *id*, *ba*, et menant par leur intersection, *ce* parallèle à *ad*, l'on a *Ac* pour corde du tiers. — Le reste est comme dans les deux premières constructions.

L'on pourrait aussi se servir de l'angle d'opération *CAB* au lieu de *aAB*.

IV.º Cette quatrième méthode nécessitera une petite démonstration préliminaire.

Soit donc l'angle proposé *ABC* (*fig.* 15). Avec un rayon quelconque, pourvu qu'il ne soit jamais trop petit (ce qui rendrait les opérations plus difficiles), je trace la circonférence *AcCa*. Je prolonge le rayon ou côté *AB* jusqu'en *a*, et je mène indéfiniment la corde *abCd*. Avec le diamètre *ABa* pour rayon, et de *a* pour centre, je trace l'arc *Ad*, et ensuite sa corde. Du même point *a*, et avec le rayon *aB*, je trace l'arc *Bb*, dont je tire la corde.

Ainsi, par construction, j'ai les triangles semblables et isoscèles Bab, Aad, qui me donnent
$Ad = 2Bb$, car $Aa = 2Ba$. Mais AaC est un
angle inscrit, ayant pour mesure l'arc Bb,
qui est moitié de l'arc AcC; or, $Ac = Bb$,
car ces cordes sont parallèles, et elles appartiennent à des cercles égaux, dont les centres
sont sur une même droite, et dont les circon-
férences passent par les centres les unes des
autres. Donc la corde Acd ($= 2Bb$) coupe
l'arc AcC en deux parties égales en c : ce
qu'il fallait démontrer.

Maintenant, la corde Acd (*fig.* 16) forme
avec la corde AC, un angle inscrit qui a pour
mesure la moitié de l'arc Cc. L'angle CAc ne
vaut donc que le *quart* de l'angle proposé.
Or, si avec le rayon AB et de A pris pour
centre, je trace l'arc $x\,y$, j'aurai l'arc et partant la *corde* du quart de l'arc AcC. Portant
cette corde de A en g et en f, et Ac de A en e,
j'obtiendrai, par les diagonales fc, ge, la corde
$Ai = Ah$ du tiers de l'arc de l'angle proposé. Je
porte donc cette corde trois fois sur l'arc AcC,
en partant de A ou de C, et, menant des droites
ou rayons par les points de section qu'elle fera
sur ledit arc, l'angle ABC sera partagé en
trois parties égales et le problème sera résolu.
(V. appendice art. 2.)

V.° Enfin pour diviser un *angle* en 3, 5, 7,
etc. parties égales, l'on peut encore (et nous
croyons que c'est le plus expéditif) recourir à la
construction indiquée au problème 3 (*fig.* 12),

puisqu'ayant les *cordes* l'on obtient ensuite
aisément les *arcs-diviseurs* de l'angle donné.

APPLICATION DE LA THÉORIE FONDAMENTALE
A LA SOLUTION D'UN PROBLÊME UNIQUE
RÉLATIF A LA LIGNE CIRCULAIRE.

OBSERVATION. A ne considérer la circonférence de cercle que sous le point de vue de
limite d'un certain espace, on peut regarder
sa génération comme étant le résultat d'un
rayon $O'B$, qui, commençant à se mouvoir
vers la droite ou vers la gauche, sans aban-
donner le point O', finirait par revenir à sa
première position. Mais en la considérant par
rapport aux *angles*, dont elle fournit la mesure, sa génération suppose pour-lors un autre
mécanisme. Si l'on se rappelle ce que nous
avons dit (Nº 7 et 9), *deux rayons* qui seraient exactement couchés sur $O'B$, forme-
raient, en s'ouvrant continuement, la progression *croissante*, et, arrivés en AOC, ils
n'auraient encore décrit qu'une demi-circonférence. Or, pour fournir, sans interrompre
le mouvement, une autre demi-circonférence,
il faudrait qu'ils recommençassent une progression qui, cette fois, serait *décroissante*, et
ils se réuniraient en $O'D$, dans une coïncidence
parfaite. Il est donc évident, que, dans cette
hypothèse, tous les angles possibles seraient

formés deux fois par deux mouvemens différens, et qu'il y aurait deux progressions commençant à *zéro* et finissant de même : or donc
une demi-circonférence *seule* peut fournir la
mesure de tous les angles possibles, lesquels
sont produits pendant l'un de ces mouvemens;
car il n'y a plus d'angles dès que la progression arrive à *zéro;* et comme l'arc suit la progression des angles, sa progression propre
doit se terminer avec celle de ces derniers.

La demi-circonférence est donc une espèce
de *type,* de *tout* complet et indépendant si on
la considère *par rapport aux angles* : aussi
voudrais-je, dans ce cas, qu'elle eût un nom
propre répondant à son caractère d'unité,
attendu que les mots *demi-circonférence* ne pré-
sentent que l'idée d'une simple fraction de
cercle, sans rappeler les angles ni les sous-
entendre. La dénomination qui, je crois, con-
viendrait, ce serait le mot *arc,* et celui *arceau*
(petit arc) servirait à désigner une portion
quelconque de l'arc. Ainsi l'on dirait: L'ARC
embrasse la mesure de tous les angles possibles.
L'on dirait aussi *l'angle ABC et* l'ARCEAU COR-
RÉLATIF, au lieu de *l'angle ABC et* SON *arc* :
car un angle et un arc peuvent exister sépa-
rément, puisqu'il est des angles dont on ne
doit pas s'occuper de la mesure, et des *segmens*
qui ne supposent pas toujours des angles.

Nous considérerons donc la demi-circonférence comme un *tout* véritable et distinct dans
le problême suivant relatif à la circonférence

entière; et comme celle-ci se composera de deux portions égales (ou de deux *arcs*), il suffira de répéter symétriquement dans la deuxième, les divisions faites sur la première portion, pour avoir les sections égales de la circonférence de cercle en totalité.

PROBLÊME. *On propose de diviser une cir-conférence de cercle en parties égales, en sui-vant l'ordre naturel des nombres, c'est-à-dire, en 2, 3, 4, etc., segmens égaux:* autrement, *trouver les* CORDES PAIRES *et* IMPAIRES *d'une circonférence quelconque.*

Il est évident que ce problême pourrait encore se présenter sous cette forme: *trouver le côté de tout polygone régulier inscriptible;* l'opération, ainsi qu'on va le voir, satisfait à l'un et à l'autre énoncé, attendu que les côtés des polygones réguliers inscrits ne sont autre chose que des cordes.

Soit le cercle $ABCD$ (*fig.* 18) où les deux diamètres AC, BD se coupent à angles droits. La corde BC formera, avec le diamètre AC, l'angle d'opération. BD est donc la *corde de la moitié* de la circonférence. Portant le rayon CO' en CE, et du point E tirant la corde EF parallèle à BD, l'on a la *corde du tiers* (côté du triangle inscrit) de la circonférence. Prenant en G la moitié de l'arc BC, ou le quart de l'arc AC, et de G tirant GH parallèle à EF, l'on a la *corde du quart* (côté du carré inscrit) de la circonférence. Pour avoir la corde du cinquiè-

me, on porte *CG* (1), corde du quart de la demi-
circonférence, en *Ca* et *Cf*: on prend en *K*
la moitié du tiers *CE* et l'on en porte la corde
(qui sera celle du sixième de la demi-circonférence) de *CK* en *Cc* et *Ch*. Insérant un terme
proportionnel entre *Ca* et *Cc*, l'on obtient *Cb*,
qui, portée en *CI*, est la corde du cinquième
de la demi-circonférence. Tirant *IJ* parallèle
à *GH*, l'on a la *corde du cinquième* (côté du
pentagone inscrit) de la circonférence. Tirant
également *KL*, l'on a la *corde du sixième* (côté
de l'hexagone inscrit) de la circonférence.
Pour avoir celle du septième, l'on prend en
O la moitié de *CG*, et l'on a la corde du huitième de l'arc *AC*. On porte cette corde de
CO en *Ce* et *Cj*: on insère un terme proportionnel entre cette corde et celle *Cc* du sixième de l'arc *AC*, et l'on a *Cd* pour corde du
septième de la demi-circonférence. On porte
cette corde de *Cd* en *CM*; de *M* on mène *MN*
parallèle à *KL*, et l'on a la *corde du septième*
(côté de l'eptagone inscrit) de la circonférence.
Tirant aussi *OP*, l'on a la *corde du huitième*
(côté de l'octogone).

On procéderait de la même manière pour
avoir d'autres cordes encore. Nous ferons remarquer que les cordes *CO*, *CK*, *CM*, etc. sont
aussi les côtés d'autant de polygones inscrip-
tibles. (*V. appendice* art. 5 et aussi le *corollaire*).

---

(1) On observera que les petits arcs tels que *Ga*, *Kc*, *Oe*, indiquent, au moyen du dard qui y est figuré, que les *cordes CG*,
CK; *CO*, doivent se mouvoir, par exemple de *CG* en *Ca*, etc. pour
devenir les *côtés* de triangles proportionnels; tandis au-contraire
que les *droites Cb*, *Cd*, vont de *Cb* en *CI*, etc. pour devenir des *cordes*.

APPENDICE.

ARTICLE PREMIER.

Scholie I. Il résulte de la démonstration N° 1, que, pour avoir le triple de tout arc compris entre zéro et le tiers de la circonférence, sans être obligé de porter cet arc trois fois bout-à-bout de lui-même, il n'y a qu'à faire l'arc ab, par exemple, $=$ arc cd (*fig.* 1), et, par les points A et b menant une droite AC, celle-ci sera la corde d'un arc triple de l'arc AD.

Scholie II. On remarquera aussi, que, si l'on pouvait parvenir à déterminer la partie FG de la corde AC, l'on n'aurait plus qu'à prendre la moitié du reste pour avoir la corde de l'arc-tiers dans tous les cas.

ARTICLE DEUXIÈME.

Nous ferons sur la figure 15 (ou 16) la remarque qui suit.

Scholie. Nous voyons que Ac, cd, et Cc sont égales, et que, à cause de cette égalité, la droite AC est perpendiculaire à Cd : nous pouvons donc en tirer les constructions sui-

G

vantes: 1° *pour élever à l'extrémité d'une droite
une perpendiculaire d'une longueur arbitraire;
2° pour élever aussi une perpendiculaire d'une
longueur donnée.*

Soit (*fig.* 17) la droite ABC, à l'extrémité
A de laquelle il s'agit d'élever une perpendiculaire indéfinie. Je prends arbitrairement
AB pour rayon, et de B pour centre, je trace
l'arc AD plus grand que l'arc-tiers de la demi-
circonférence. Je porte AB de A en D; du
point B, et par le point D, je mène indéfiniment la droite BDE, sur laquelle je porte
deux fois AB en partant de B; ce qui me
donne le point E: par ce point et par l'extrémité A fesant passer une droite, j'ai la
perpendiculaire demandée.

Maintenant soit une droite ab (*fig.* 17′) qu'il
s'agit d'élever à l'extrémité A de ABC. Avec
la *moitié* de la droite ab, et de l'extrémité A
pour centre, je décris un arc commençant en
B, et plus grand que l'arc de l'angle droit.
Je porte le rayon sur cet arc et de B en E.
Je partage en deux parties égales l'arc BE,
et portant DE de E en F, j'ai l'arc d'un angle
droit. Avec le même rayon AB, et de F pour
centre, je décris en G un petit arc: menant
ensuite une droite par les points A et F,
jusqu'à l'arc en G, j'ai AFG ($= ab$) perpendiculaire à l'extrémité de ABC.

ARTICLE TROISIÈME.

Nous allons indiquer les moyens d'obtenir

immédiatement, par des méthodes spéciales, les côtés de quelques polygones réguliers inscrits.

POUR LE *PENTAGONE*, LE *DÉCAGONE*, ET QUELQUES AUTRES, PAR UNE MÊME OPÉRATION. — Sur le diamètre *ADC* (*fig.* 19) d'une circonférence quelconque, je construis le triangle *équilatéral ABC*, par le sommet *B* duquel, et le centre *D* je mène la droite *BH*. Je trace la corde *EF* (côté de l'héxagone) parallèle à *AC*. *Aa* est le côté du *pentagone*, obtenu par la méthode déjà connue (1) : *ab*, parallèle à *EF*, sera le côté du *décagone*, et *GF* celui du *dodécagone*. Alors, *si par les points a et c, je mène une droite* facde *ou* fe *simplement, elle sera parallèle au côté GF du dodécagone.* — Du point *E* je mène *Eg* parallèle à *fe*, et je trace les cordes *EG* et *Hg*. J'ai donc les triangles *GEh*, *hHg* qui sont *semblables;* car les angles *EhG*, *ghH* sont égaux comme opposés par le sommet, et, de plus, les angles inscrits *GEg*, *GHg* sont égaux parce qu'ils s'appuient sur le même arc : par une raison semblable les angles *EGH*, *EgH* sont aussi égaux. Mais dans le triangle *GEh* la droite *EF* est perpendiculaire à *Gh* par construction; par-conséquent si, par une droite, je divise de la même manière que dans ce triangle-ci, l'angle homologue *GHg* du triangle *hHg*, cette droite sera aussi perpendicu-

---

(1) C'est-à-dire en divisant le rayon en *moyenne et extrême raison.* (V. *Appendice* art. cinquième.)

laire au côté homologue qu'elle coupera :
ainsi menant FH, j'ai l'angle $FHg =$ angle
FEg; car leurs côtés s'appuient sur l'arc commun Fg; donc à cause de cette condition, FH
est perpendiculaire à gh, comme EF l'est à
Gh. D'après cela, les triangles cFH, igH
sont semblables; car ils sont chacun rectangles en c et en i, et, en outre, les angles EFH,
EgH sont égaux comme ayant pour mesure
la moitié du même arc; partant, l'angle GHF
du triangle $cFH =$ angle FHg du triangle
igH, et définitivement les arcs GF, Fg, qui
fournissent la mesure de ces deux angles, sont
aussi égaux. Mais, par construction, l'arc GF
égale aussi l'arc EG; donc arc $EG =$ arc Fg.
Or, si l'on se rappelle que nous avons mené
Eg parallèle à fe, que par-conséquent les arcs
Ea et ge sont égaux, il est certain que si des
arcs EG et Fg, l'on retranche les arcs Ea et ge,
les restes aG et eF seront égaux. Donc fe et
GF sont parallèles.

En conséquence de ce parallélisme, il est
évident que pour avoir le côté du pentagone
ou du décagone, on peut employer l'une ou
l'autre des deux constructions suivantes.

Soit une circonférence (*fig.* 20) dont je
porte le rayon d'un point quelconque A jusqu'en E, et de E en F. Je trace la corde EF,
et, afin d'avoir le point c, je fais BD perpendiculaire à AC ou EF. Tirant donc par le
point c la droite fe parallèle à GF, elle me
donne, sur la circonférence, le point a, qui

est l'extrémité de l'arc *Aa* de l'angle au centre
du pentagone, arc dont la corde sera le *côté
du pentagone*. Mais le point *a* est aussi l'extrémité de l'arc *aG* moitié de l'arc de l'angle
au centre du décagone : donc, si, par ce
point, je mène *ab* parallèle à *ADC* ou à *EF*,
j'ai le *côté du décagone* par la même construction.

Voici l'autre manière. Le rayon *DF* (*fig.* 19)
est parallèle à *AB* : ainsi les angles *ABD*,
BDF sont égaux. Puisque *fe* est parallèle à
GF, les angles *Dcd*, *cdD*, du triangle *dDc*,
sont égaux entr'eux et aux angles *Bcf*, *cfB*
du triangle semblable *fBc* : donc *Bc* = *Bf*.
Par-conséquent si, avec *Bc* (= *Dc*) (*fig.* 20)
pour rayon, je trace l'arc *fc*, la corde de cet
arc sera une partie de la droite *fe*. Supposons
donc une circonférence quelconque (*fig.* 20).
Je porte le rayon de *E* en *F*, et de ces points
pris successivement pour centres, avec le
rayon de la circonférence je trace deux petits arcs qui se coupent en *B*. Je mène les
droites *BD*, *BE* et la corde *EF*, et prenant
Bc pour rayon, je trace l'arc *fc*, dont la corde
me procurera le point *a*. Menant *ADC* parallèle à *EF*, ou marquant seulement le point
A, j'ai les deux extrémités *A*, *a*, de l'arc de
l'angle au centre du pentagone. Le reste est
semblable à la construction précédente.

Dans l'autre construction, si déjà l'on avait
le diamètre *ADC*, l'on pourrait, des points
A et *C* pour centres, avec un rayon plus grand

que *AD*, tracer deux arcs se coupant en *i*, à l'effet d'avoir la perpendiculaire *GD*, sans sortir de la circonférence.

Il est facile de reconnaître que, par la même opération, l'on obtient encore immédiatement, dans *aG* l'arc de l'angle au centre du *polygone de vingt côtés*, et dans *Ea* l'arc de l'angle au centre du *polygone de trente côtés*.

POUR L'EPTAGONE. — *Le côté de l'eptagone est égal à la moitié du côté du triangle* équilatéral *inscrit*. — Soit *ABC* (*fig.* 21) le triangle régulier inscrit. La corde *AD* ou *BD* = *DE*. Or, si du point *D*, et aussi des points *H* et *I*, qui sont chacun le milieu de *AD* et de *BD*, j'abaisse des perpendiculaires sur *AB*, celle-ci se trouvera partagée en quatre parties égales *AJ*, *JK*, *KL*, *LB*. Alors, si je prolonge les perpendiculaires *HJ*, *IL* jusqu'en *S* et *T*, la droite *ST* sera égale à *JK* + *KL*, ou à *KL* + *LB* qui est la moitié de *AB*. Mais cette droite *ST* est la corde du septième de la circonférence : car, si je porte le rayon de *C* en *Q* et en *R*, ensuite la corde *AF* (côté de *l'octogone* attendu que *AG* est le côté du carré) de *C* en *U* et en *V*, et qu'au moyen des diagonales *QV*, *RU*, j'insère un terme proportionnel entre *QR* et *UV* parallèles à *AB*, j'aurai *CT* = *CS* = *ST* pour corde du septième de la circonférence (côté de *l'eptagone*) : et puisque *ST* coïncide parfaitement avec les points *S* et *T* donnés primitivement par les droites *JS* et *LT*, il s'ensuit que le côté de l'eptagone est égal à la moitié de *AB* ; ce qu'il fallait démontrer.

Ainsi, pour avoir le côté de l'eptagone, la construction la plus simple est comme il suit. Avec le rayon de la circonférence proposée, et d'un point *D* quelconque pris pour centre, je trace deux petits arcs en *A* et en *B*. Je tire la corde *AB*, et du centre *E* jusqu'en *D* je mène un rayon, qui coupe en *K* la corde *AB* en deux parties égales ; or l'une de ces parties est le côté de l'eptagone.

Pour l'Ennéagone. — Nous avons dit au scholie II de l'art. Ier de cet appendice que, si dans tous les cas on savait à quoi est égal le segment *FG* compris entre les rayons-diviseurs, on aurait la corde du tiers de l'arc en prenant la moitié de ce qui resterait de la corde *AC*, après en avoir retranché ledit segment. Mais nous ne connaissons encore qu'un seul cas où l'on puisse déterminer la valeur de ce segment, c'est celui qui suit.

L'arc soutendu par le côté du triangle équilatéral inscrit est le tiers de la circonférence circonscrite. Donc en subdivisant cet arc en trois portions égales, la ligne circulaire serait partagée aisément en neuf parties égales. Or, pour cela, il faut démontrer que *la corde de la neuvième partie de la circonférence de cercle (ou côté de l'ennéagone) est égale à la moitié de ce qui reste du côté AC (fig. 22) du triangle inscrit, après l'avoir diminué du segment Ad intercepté entre l'arc BE de l'angle droit et sa corde.*

Avec un rayon pris arbitrairement je trace une demi-circonférence *EABCF*. Du point *B* pris pour centre, je trace en *A* et en *C* deux petits arcs avec le même rayon qui a servi pour la demi-circonférence, ce qui me donne les extrémités de l'arc-tiers de la circonférence entière : *AC* sera donc la corde dudit arc, ou le côté du triangle équilatéral inscrit. Je mène parallèlement à *AC* le diamètre *EDF*; *BD* étant perpendiculaire à *EF*, *EB* sera la corde de l'arc de l'angle droit (ou côté du carré inscrit). Sur le milieu du segment *Ad* j'élève une perpendiculaire *jc* que je prolonge jusqu'en *h*. J'ai donc le parallélogramme rectangle *cfDh*. Par-conséquent, si ce quadrilatère prend la position *dgDh*, il est évident pour-lors que l'angle *chd* = angle *fDg*; et que s'il prend la position *AeDh* l'angle *Ahc* = angle *eDf*. Mais *Ac* = *cd* par construction; donc *ef* = *fg* : donc aussi *Ad* = *eg*, et les triangles *Ahd*, *eDg* sont égaux et isocèles. Maintenant si je prolonge *hd* et *hA* vers l'ouverture de l'angle, et que par le point de section *a* je mène *ab* parallèle à *Ad* ou *AC*, j'ai deux triangles semblables *ahb*, *dhA* qui donnent cette proportion ; *hd* : *ha* :: *dA* : *ab*. Pour-lors, si je tire la droite *Aa*, l'angle *aAd* sera égal à angle *Ahd*. En effet, les deux triangles *hAa*, *Ada* sont semblables ; car, outre qu'ils ont un angle commun en *a*, l'on peut, vu la proportion précédente, établir la proportion *hA* (= *hd*) : *ha* :: *dA* : *x*; et

comme les trois premiers termes sont égaux
aux trois corrélatifs de la première proportion, il s'ensuit que $Aa = ab$, et que l'angle commun en a étant compris entre côtés
proportionnels, ces deux triangles sont semblables : ainsi l'angle $aAd =$ angle Ahd ou
eDg. Or, si l'on prolonge De vers a, l'on
aura les deux triangles aAe, eDg qui seront
semblables, puisque les angles Aea et Deg
sont égaux comme opposés par le sommet,
et que nous venons de voir que l'angle
$aAd =$ ang. eDg ou Ahd : le triangle aAe
est donc isoscèle aussi bien que son semblable eDg. Mais nous avons fait voir (théorie
fondamentale N° 1) que quand deux triangles tels que DAF et FBG (*fig.* 1, 2, 3),
qui correspondent ici aux triangles aAe, eDg,
sont *semblables et isoscèles,* l'un des grands
côtés du triangle DAF est toujours la corde
du tiers de l'arc proposé : donc, dans le cas présent, Aa est la corde du tiers de l'arc AC. Partant il reste évident que $\dfrac{Ac - eg \text{ ou } Ad}{2} = Aa.$

Ce qu'il fallait démontrer.

La construction suffisante pour trouver le
côté de l'ennéagone sera donc telle que l'exprime la fig 23, qu'il n'est pas je crois nécessaire d'expliquer davantage. L'article ci-après conduira aussi au même résultat.

H.

ARTICLE QUATRIÈME.

TRISSECTION DE L'ANGLE.

I. Nous avons dit, au N° 9 de la *théorie fondamentale*, que » si l'on reconnaît à l'angle » droit directement quelque propriété qui ne » se manifeste pas dans d'autres angles, néan- » moins on est en droit d'en conclure, par » *analogisme*, que cette qualité dépend d'une » loi commune à tous les angles. » Or, nous allons donner une nouvelle preuve de la justesse de ce principe, en examinant dans l'angle droit, pris à-part, un phénomène que nous généraliserons ensuite.

Soit l'angle droit ABC (*fig.* 24.) dont je trace l'arc avec un rayon quelconque, mais pourtant pas trop petit : je trace aussi la corde de cet arc, et je la divise en 3 parties égales par le moyen du compas de proportion, pour plus de promptitude. Par le point d, qui marque l'un des tiers de la corde, je mène le rayon Be. A-l'aide du rayon AB je divise en trois parties égales l'arc de l'angle droit, et j'ai l'arc $Aa = $ arc $ab = $ arc bC. Le tiers de la corde AC étant déjà plus petit que la corde du tiers de l'arc AC (N° 11.), il est évident que le rayon Be passant par le point d, doit nécessairement aboutir entre b et C, qui sont les extrémités de *l'arc-tiers*. Cet arc-ci se compose donc de deux parties qui sont $be + eC$, et, par-conséquent, les deux

autres arcs-tiers Aa et ab peuvent être considérés comme ayant les mêmes facteurs. Ainsi, si je porte Ce de A en h et de h en g,
l'arc compris entre g et e sera égal à $3Be$;
et puisque be est connu, il ne faut plus que
partager gb en deux parties égales pour avoir
$gf = fb = be$. On pourrait encore porter
be de b en f et de f en g pour arriver au
même but.

II. Maintenant, n'est-il pas vrai que si l'on
pouvait avoir le point f par une méthode
aussi sûre que celle qui a procuré le point e,
l'on réobtiendrait le point b (extrémité de
l'arc-tiers bC) en partageant en deux parties
égales l'arc fe ? Or, c'est cette méthode rigoureuse d'avoir ce point f, qui va être l'objet de nos spéculations.

Soit (*fig.* 25.) une circonférence sur le
diamètre de laquelle le rayon BC est perpendiculaire : j'ai donc l'angle droit ABC, avec
son arc, dont je tire la corde AC, que je divise en trois parties égales, et j'opère enfin
exactement comme on l'a vu dans la figure
précédente. Je mène ensuite la corde Af, et
par les points f et d je mène une droite qui
vient se terminer à la circonférence, en n.
J'unis les points n et C par une droite, et
j'ai en définitif les deux triangles Adf et Cdn.
Or, ces deux triangles sont *semblables* ; car
les angles fAC et fnC, inscrits, s'appuient
sur le même arc, dont la moitié leur sert
de mesure ; il en est de même pour les an-

gles *Afn*, *ACn* ; d'ailleurs les angles *Adf*, *Cdn*, sont égaux , comme opposés par le sommet : ces deux triangles sont donc semblables. Prouvons maintenant qu'ils sont *isoscèles* , c'est-à-dire , que les angles adjacens à leur plus petit côté sont égaux.

III. Je trace *Cm*, ce qui me donne l'angle *ACm* qui est droit, puisqu'il s'appuie sur le diamètre. Du point *n* du triangle *Cdn* je mène parallèlement à *Cm* la droite *nj*, coupant la circonférence en un point *j* quelconque : *nj* est donc perpendiculaire à *AC*. A-cause de la similitude des triangles *Adf*, *Cdn*, on conçoit que ce qui affecte l'un doit aussi affecter l'autre de la même manière : ainsi la droite *nj* ayant partagé en deux parties l'angle *fnC*, qui a pour mesure l'arc $\frac{Cf}{2}$, si, du point *j*, l'on mène une droite au sommet *A* de l'angle *fAC*, cet angle-ci sera partagé de la même façon que le précédent ; et attendu que *nj* est perpendiculaire sur *Cd*, de même *jA* sera perpendiculaire sur le côté homologue *fd* du triangle *Adf*. On aura par-là les triangles *jpn*, *don*, qui seront semblables ; car ils ont un angle commun en *n*, et ils sont rectangles en *p* et en *o* : donc l'angle *odn* (ou *Cdn*)=l'angle *pjn* (ou *Ajn*). Mais l'angle *Ajn*, qui est égal à *Cdn*, a pour mesure l'arc $\frac{An}{2}$: or l'angle *ACn* a aussi pour mesure l'arc $\frac{An}{2}$;

il est donc égal à l'angle *Ajn*, et aussi à l'angle *Cdn*. Donc les angles *odn*, *oCn* du triangle *Cdn* sont égaux ; donc le triangle *Cdn* est *isoscèle* ainsi que son semblable *Adf*, et par-conséquent *les côtés Ad et Af sont égaux.*

IV. Le côté *Ad* étant égal à $\frac{2}{3}$ de *AC*, il est évident que si l'on prend pour rayon $\frac{2}{3}$ de la corde de tout angle droit, et que de *A* pour centre on décrive un arc indéfini tel que *di*, le point où cet arc coupera l'arc de l'angle droit ne pourra être autre que le point *f*. Alors prenant la moitié de l'arc compris entre l'extremité *e* du rayon *Be* et le point *f*, l'on obtiendra exactement le point *b*, qui est l'extrémité d'un des arcs-tiers de l'arc de l'angle droit.

Voilà donc une nouvelle trissection de l'angle droit.

Généralisant, et appliquant ces raisonnemens à des angles *composés* mais *aigus* et *obtus* (*fig*. 26 *et* 27.), l'on arrive à des résultats aussi exacts que ceux qu'a fournis l'angle droit.

V. Ainsi, supposons qu'il s'agisse de partager en trois parties égales l'angle *ABC* (*fig*. 28.).

Du sommet de l'angle, et avec un rayon pris arbitrairement, l'on décrit l'arc de cet angle, et l'on en trace la corde, que l'on divise ensuite en trois parties rigoureusement égales. Par l'un des deux points de section de la corde, on mène un rayon *Be*, et du point *A* comme centre, avec $\frac{2}{3}$ de *ah* pour rayon, on décrit un arc coupant en *c* l'arc de l'angle proposé. Partageant en deux parties égales l'arc compris entre *c* et *e*, l'on obtient le point *d* : pour-lors arc *de* + arc *eh* formeront l'*arc-tiers* de l'arc de l'angle donné. Ce qui reste à faire pour diviser ensuite l'angle en trois, n'a pas besoin de plus amples développemens, et l'inspection de la figure suffira.

VI. Après avoir posé un principe général, il convient d'indiquer les exceptions, s'il y en a. Nous dirons donc, que la trissection que nous venons de démontrer *n'est pas* IMMÉDIATEMENT *applicable aux angles qui ont pour mesure des arcs plus grands que le tiers de la circonférence.* C'est ce que nous allons démontrer.

VII. *L'arc-tiers de la circonférence étant divisé en quatre parties égales, les rayons-diviseurs partagent aussi la corde de cet arc en quatre parties telles, que les deux intermédiaires prises ensemble sont égales à l'une des deux autres : par-conséquent l'une des parties extrêmes est le tiers de la corde.*

Soit (*fig.* 29.) la sous-tendante *AC* de l'arc-tiers de la circonférence, arc que je partage en quatre parties égales *Aa*, *ab*, *bc*, *eC*. Je mène les rayons *Ba*, *Bb*, *Be*, ce qui donne $Af + fg + gh + hC = AC$. Le triangle *BCb* est équilatéral, et le triangle *ABb* est son égal : ainsi les points *A* et *C* étant également éloignés des extrémités du rayon *Bb*, il s'ensuit que *AC* coupe *Bb* en deux parties égales Bg et gb. Et puisque l'angle bBC est partagé en deux parties égales par le rayon Be, il s'ensuit que Bi est perpendiculaire à bC, comme Cg l'est à Bb : donc bC est aussi divisé en deux portions égales en i. Par-conséquent, dans le triangle Bbi, le côté bi : hyp. Bb :: $1 : 2$. Mais le triangle Bgh est semblable au triangle Bbi, puisqu'ils ont un angle commun en B, et qu'en outre ils sont rectangles : ainsi $gh : Bh$ :: $1 : 2$. De plus, les deux triangles Bgh, Cih sont égaux, (car $Bg = Ci$), ils ont chacun un angle droit, et leurs angles Bhg, Chi sont opposés par le sommet. Donc hi est aussi à Ch :: $1 : 2$. Mais $gh = ih$: donc $Cg = 3gh$, $AC = 6gh$, et finalement Ch est le tiers de AC. Ce qu'il fallait démontrer.

VIII. Il est donc évident que le rayon qui, conformément à ce que nous avons dit tout-à-l'heure sur l'angle droit [I], doit passer par le point h, extrémité d'un des tiers de AC, détermine ici le *quart* de l'arc-tiers de la circonférence. Partant, si [I] je porte deux fois l'arc eC sur l'arc total en partant de A, j'aurai encore les arcs Aa et ab précédemment obtenus par les rayons-diviseurs, et ce qui restera entre les arcs Ab et eC sera égal à eC lui-même ; ce sera be. Le tiers de be ajouté successivement à eC, Aa et ab, acheverait donc la division de l'arc AC en trois parties égales : on conçoit pour-lors que le partage de be en trois portions doit nécessairement résulter de l'opération même qui produira le tiers de l'arc AC, c'est-à-dire, que le rayon Ac ($= Ah$), donnera bc pour tiers de be, et que prenant ensuite, par le rayon Bd, la moitié du restant ce, on a $bc = cd = de$.

Maintenant, il n'y plus qu'à faire attention à une chose : c'est que si l'arc AC grandissait et devenait tel qu'on le voit (*fig.* 3o.), l'arc eC diminuerait et deviendrait *plus petit* que le quart de l'arc AC (*fig* 29.); de plus, le point c se rapprocherait sensiblement de b, et l'arc bc diminuerait d'autant : on aurait donc $\dfrac{ce}{2} > bc$: ainsi $bc + eC$ ne serait plus égal à cd (ou de) $+ eC$, comme tout-à-l'heure. Par-conséquent l'application de cette trissection ne peut être faite immédiatement à des arcs qui passent le tiers de la circonférence.

IX. Néanmoins, l'on peut aussi, par cette méthode, parvenir à la solution des problèmes rélatifs à tous les angles. En effet, un angle, tel grand qu'il soit, ne peut contenir plus de deux angles droits : or, supposons qu'il s'agisse de diviser en trois l'angle le plus voisin de la somme de deux droits; alors je retrancherai un angle droit de cet angle, et j'opérerai sur le reste, ainsi que nous l'avons déjà dit [V]. Ajoutant un tiers de l'arc de l'angle restant au tiers de l'arc de l'angle droit, j'aurai le tiers de l'arc de l'angle proposé, et, partant, le tiers même de cet angle. — Dans bien des cas il suffirait d'ôter de l'arc de l'angle donné l'arc sous-tendu par le rayon; ce qui abrégerait l'opération de beaucoup; car on a toujours le rayon de l'arc, tandis qu'il faut une construction exprès pour obtenir l'arc de l'angle droit.

Toutes les solutions sont donc possibles par cette trissection, mais non en l'employant toujours *immédiatement*.

X. Il est tems de me justifier d'avoir écrit *trissection* au lieu de *trisection*.

1.º Dans le mot *section* la prononciation de l's est forte autant que celle du *t* qui suit dans le même mot : cette prononciation ne doit donc pas se perdre dans un mot composé de celui-ci et de quelqu'autre.

2.º Il est de règle générale qu'une *s* placée entre deux voyelles a le son du *z* : ainsi *trisection* équivaut à *trizection*, et pour-lors on ne reconnait plus là le mot *section*, dont l's est forte.

3.º Ce sont ces deux raisons qui font sans doute que l'on écrit *trissyllabe*, afin de conserver sa force à l's initiale du mot *syllabe*; or *trissection* ne doit pas être compris sous une autre catégorie, du moins à ce qu'il nous semble.

ARTICLE CINQUIÈME.

Une droite donnée étant divisée en moyenne et extrême raison, la PLUS PETITE *des deux portions est égale au côté de l'octogone (ou à la corde de* L'ARC HUITIÈME *du cercle circonscrit)*

I

inscrit dans une circonférence de cercle qui aurait pour diamètre la droite proposée.

Soit la droite *AB* (*fig.* 31.) divisée en moyenne et extrême raison au point *E* ; *AE* sera donc la plus petite des deux portions. Avec la moitié de *AB* pour rayon, et de *A* pris pour centre, je décris un cercle égal à celui qui a été tracé, de *C* comme centre, pour diviser *AB* en moyenne et extrême raison. Si alors je trace la droite *CG*, l'arc *AF* sera *l'arc-huitième* du cercle qui a *AC* pour rayon ; car le triangle *CAG* est isoscèle et rectangle par construction, et par-conséquent les angles en *C* et en *G* sont égaux chacun à la moitié d'un droit. La corde *AF* sera donc le côté de l'octogone inscrit dans le cercle *ACL*. Il s'agit maintenant de prouver que *AE* est égale à corde *AF*.

Toujours avec *AG* (= $\frac{1}{2}AB$) pour rayon, et du point *E* pour centre, je trace en *D* un petit arc, et je construis ensuite le triangle *ADE* qui sera isoscèle, puisque *AD* et *ED* égalent chacune *AG*. Je divise l'angle *ADE* en deux parties égales par la droite *DJ*, qui sera perpendiculaire à *AE* et par-conséquent parallèle à *AC*. Je partage aussi en deux également, par la droite *CK*, l'angle *ACF* du triangle *ACF*, et je prolonge enfin *DA* jusqu'en *I* et *CA* jusqu'en *H*. Pour-lors les arcs *CJ*, *Aa*, *HD* sont égaux puisqu'ils sont compris entre les parallèles *CH* et *JD*, et qu'ils appartiennent à des cercles égaux nt les centres sont dans une même droi-

L'angle *inscrit* HCK a pour mesure arc $\frac{DK}{2}$ = arc Aa : mais arc HD = arc Aa;

nc arc DK ou arc Aa = arc HD. D'un tre coté l'angle inscrit IDJ a pour me-

re arc $\frac{ICJ}{2}$. Or nous venons de voir que

c CJ = arc HD; par-conséquent, puisque les gles IAC, HAD sont opposés par le som-

et, leurs arcs IC, HD sont égaux; donc c IC = arc CJ, et arc IC + arc CJ = arc D + arc DK. Donc aussi les angles HCK, ƆJ, *moitiés* des angles ACF, ADE, et par-nt ces angles-ci eux-mêmes, sont égaux tr'eux. L'angle ADE vaut donc la moitié d'un roit, de même que angle ACF. Et puisque s côtés AD et DE sont égaux aux rayons A et CF, il s'ensuit que si l'on traçait de pour centre et avec AD pour rayon, l'arc e l'angle ADE, cet arc serait égal à arc AF. ᴑnc la droite AE est égale à corde AF, c'est-dire, à la corde de *l'arc-huitième* du cercle CL, ou au côté de l'octogone inscrit au ême cercle. Enfin l'on remarquera que, uisque $AL = AB$ par construction, c'est-à-re, attendu que AB est le diamètre du ǝrcle dont arc AF est la huitième partie, il ᵴt évident que *le* CÔTÉ *d'un octogone inscrit* ᵴt *la plus petite portion du diamètre du cercle irconscrit si ce diamètre est partagé en moyenne ᵧ extrême raison.*

De cette démonstration découlent nécessairement les constructions suivantes.

1° Pour *partager une ligne AB* (*fig.* 32.) *en moyenne et extrême raison.* Sur le milieu de cette droite il faut élever une perpendiculaire indéfinie CD, et de C comme centre, avec CB pour rayon, décrire l'arc DB de l'angle droit DCB. Divisant cet arc en deux parties égales au point E, la corde BE de l'arc de l'une de ses moitiés sera la plus petite portion de la droite AB partagée en moyenne et extrême raison. La plus grande portion AF sera donc la corde de la dixième partie d'un cercle qui aurait AB pour rayon.

2° Pour *tracer un cercle tel qu'une droite donnée soit le côté de l'octogone inscrit dans ce cercle.* Soit AB (*fig.* 33.) la droite proposée que je prolonge indéfiniment vers C. Avec un rayon arbitraire AD, pourvu cependant qu'il soit bien d'une moitié plus grand que AB, je trace l'arc DH, et j'élève une perpendiculaire indéfinie AH, à l'extrémité A de AB (*V. appendice* art. 2 scholie 2.). Pour élever cette perpendiculaire, de même que pour diviser plutard l'arc DH, je trace, toujours avec le même rayon AD et de D pour centre, l'arc $EIFK$. De E pour centre je fais un petit trait en F, et tirant la droite AF, l'arc ED se trouve par elle partagé en deux parties égales en G. Portant EG en EH, cela complète l'arc de l'angle droit, et il ne reste plus qu'à mener la droite AH

qui sera perpendiculaire à *AB*. Sans changer
de rayon, et de *H* pour centre, je fais un
petit trait en *I*, et menant la droite *AI*,
l'arc de l'angle droit se trouve partagé en deux
parties égales en *J*. De *J* pour centre je fais
un petit trait en *K* avec le même rayon, et
menant la droite *AK* j'ai finalement l'arc *LD*
pour quart de l'arc de l'angle droit : donc
l'angle *LAD* vaut le quart d'un droit. Portant la droite donnée de *AB* en *AO*, et par
le point *O* menant *MN* parallèle à corde *HD*,
j'ai en définitif le triangle isoscèle *AMO*,
dont l'angle en *M*, opposé à *AO*, vaut la
moitié d'un droit. Donc en traçant de *A* pour
centre, avec *AM* pour rayon, une circonférence *MNP*, *l'arc-huitième* de cette circonférence ne sera pas différent de arc *AO* : et
puisque corde *AO* = *AB*, il reste évident
que la droite donnée est le côté de l'octogone qui serait inscrit au cercle *MNP*.

3° *Le côté d'un octogone étant donné, trouver le côté du carré qui serait inscriptible au
même cercle que l'octogone en question.* Il est
évident que la droite *MN* satisfait au problême, sans qu'il soit nécessaire de tracer
le cercle *MNP*. On peut donc *tracer un octogone sans le faire dériver du cercle auquel il
serait inscriptible.*

COROLLAIRE.

Une conséquence immédiate de tous les
principes que nous avons exposés jusqu'ici,

c'est de *pouvoir prendre*, *dans une infinité de cas*, *sur une circonférence quelconque*, *un* ARC (*et par-conséquent un* ANGLE), *d'un nombre donné de degrés*, *sans le secours d'aucun instrument propre à la mesure des angles*. C'est ce que nous allons développer, après avoir dressé une petite table indispensable pour l'objet dont s'agit.

La division *sexagésimale* de la circonférence du cercle étant encore assez généralement usitée, nous nous y conformerons pour établir en *degrés* la valeur de l'angle au centre des polygones réguliers inscrits jusqu'au dodécagone inclus, ainsi que la valeur des *parties égales* de chacun de ces angles. (*V. la table ci-jointe*).

Pour pouvoir se servir de la table ci-contre, il faut simplement savoir décomposer un nombre donné de degrés en *facteurs* qui entrent aussi dans la composition des angles au centre de tels ou tels polygones ; et comme en cherchant graphiquement la corde de chacun des arcs de ces angles, on a l'arc de l'angle même, il faut, au-préalable, chercher ainsi la valeur en degrés d'un angle au centre où quelqu'un des facteurs du nombre proposé puisse être contenu exactement plusiurs fois. Alors, chaque facteur du nombre donné se trouvant contenu exactement un certain nombre de fois dans l'un ou l'autre angle au centre exprimé en degrés, l'on n'a qu'à diviser *l'arc* de chacun de ces angles au centre en autant de parties

TABLE.

NOTA. — Les *majuscules* placées au-dessus des chiffres, indiquent les polygones dont la valeur de l'angle au centre, exprimée en degrés, contient le même facteur qui est dessous ces lettres : par exemple T,H. placées au-dessus de 30×3 au *carré*, signifient que le facteur 30 se trouve également au *triangle* et à l'*hexagone*.

L'angle au centre d'un			C,H.	P.	H,Ɛ.	E.	C,H,O,Ꝺ.	Ɛ.	P,H,D.	e.	C,H,Ɛ,Ꝺ.
Tri. équil. ou (T.) = 120°	ou $60° \times 2$	ou $40° \times 3$	ou $30° \times 4$	ou $24° \times 5$	ou $20° \times 6$	ou $17°\frac{1}{7} \times 7$	ou $15° \times 8$	ou $13°\frac{1}{3} \times 9$	ou $12° \times 10$	ou $10°\frac{10}{11} \times 11$	ou $10° \times 12$.
Carré. . . . . (C.) = 90°	45×2	T,H. 30×3	O. $22\frac{1}{2} \times 4$	P,D. 18×5	T,H,O,Ꝺ. 15×6	E. $12\frac{6}{7} \times 7$	O. $11\frac{1}{4} \times 8$	T,H,Ɛ,Ꝺ. 10×9	P,O,D. 9×10	e. $8\frac{2}{11} \times 11$	H,O,Ꝺ. $7\frac{1}{2} \times 12$
Pentagone. . . (P.) = 72°	36×2	T. 24×3	C,D. 18×4	$14\frac{2}{5} \times 5$	T,H,D. 12×6	E. $10\frac{2}{7} \times 7$	C,O,D. 9×8	Ɛ. 8×9	D. $7\frac{1}{5} \times 10$	e. $6\frac{6}{11} \times 11$	H,D,Ꝺ. 6×12
Hexagone. . . (H.) = 60°	T, C. 30×2	T,Ɛ. 20×3	T,C,O,Ꝺ. 15×4	T,P,D. 12×5	T,C,Ɛ,Ꝺ. 10×6	E. $8\frac{4}{7} \times 7$	C,O,Ꝺ. $7\frac{1}{2} \times 8$	Ɛ. $6\frac{2}{3} \times 9$	P,D,Ꝺ. 6×10	e. $5\frac{5}{11} \times 11$	O,Ɛ,Ꝺ. 5×12
Eptagone. . . (E.) = $51°\frac{3}{7}$	$25\frac{5}{7} \times 2$	T. $17\frac{1}{7} \times 3$	C. $12\frac{6}{7} \times 4$	P. $10\frac{2}{7} \times 5$	H. $8\frac{4}{7} \times 6$	$7\frac{17}{49} \times 7$	H. $6\frac{3}{7} \times 8$	$5\frac{5}{7} \times 9$	D. $5\frac{1}{7} \times 10$	e. $4\frac{52}{77} \times 11$	Ꝺ. $4\frac{2}{7} \times 12$
Octogone. . . (O.) = 45°	C. $22\frac{1}{2} \times 2$	T,C,H,Ꝺ. 15×3	C. $11\frac{1}{4} \times 4$	C,P,D. 9×5	C,H,Ꝺ. $7\frac{1}{2} \times 6$	$6\frac{3}{7} \times 7$	$5\frac{5}{8} \times 8$	H,Ɛ,Ꝺ. 5×9	D. $4\frac{1}{2} \times 10$	e. $4\frac{1}{11} \times 11$	Ꝺ. $3\frac{3}{4} \times 12$
Ennéagone. . . (Ɛ.) = 40°	T, H. 20×2	T. $13\frac{1}{3} \times 3$	T,H,C,Ꝺ. 10×4	P. 8×5	H. $6\frac{2}{3} \times 6$	$5\frac{5}{7} \times 7$	H,O,Ꝺ. 5×8	$4\frac{4}{9} \times 9$	D. 4×10	$3\frac{7}{11} \times 11$	Ꝺ. $3\frac{1}{3} \times 12$
Décagone. . . (D.) = 36°	C, P. 18×2	T,H,P. 12×3	C,P,O. 9×4	P. $7\frac{1}{5} \times 5$	P,H. 6×6	Ɛ. $5\frac{1}{7} \times 7$	D. $4\frac{1}{2} \times 8$	Ɛ. 4×9	$3\frac{3}{5} \times 10$	e. $3\frac{3}{11} \times 11$	Ꝺ. 3×12
Endécagone. . (e.) = $32°\frac{8}{11}$	$16\frac{4}{11} \times 2$	T. $10\frac{10}{11} \times 3$	$8\frac{2}{11} \times 4$	P. $6\frac{6}{11} \times 5$	H. $5\frac{5}{11} \times 6$	Ɛ. $4\frac{52}{77} \times 7$	D. $4\frac{1}{11} \times 8$	$3\frac{21}{33} \times 9$	D. $3\frac{3}{11} \times 10$	$2\frac{118}{121} \times 11$	Ꝺ. $2\frac{8}{11} \times 12$
Dodécagone. . (Ꝺ.) = 30°	T,C,H,O. 15×2	T,C,H,Ɛ. 10×3	C,H,O. $7\frac{1}{2} \times 4$	P,H,D. 6×5	H,O,Ɛ. 5×6	Ɛ. $4\frac{2}{7} \times 7$	[illegible]. $3\frac{3}{4} \times 8$	Ɛ. $3\frac{1}{3} \times 9$	D. 3×10	e. $2\frac{8}{11} \times 11$	$2\frac{1}{2} \times 12$

égales que l'un de ces facteurs est contenu de fois dans le nombre de degrés de l'angle au centre, et l'on aura *l'arc* corrélatif à ce facteur. Ajoutant cet arc aux arcs corrélatifs aux autres facteurs du nombre donné, l'on a finalement l'arc total corrélatif au nombre de degrés proposés.

Par exemple, supposons que l'on propose de prendre un arc de 35° sur une circonférence quelconque, et sans le secours d'aucun rapporteur. Je remarque que 35° = 20° + 15°. Je vais à la table, et je cherche le premier facteur 20°, que je trouve à l'hexagone et × 3. Je porte donc le rayon (côté de l'hexagone) sur la circonférence, et j'ai *l'arc de l'angle au centre du polygone de six côtés*. Je prends ensuite le *tiers* de cet arc, ce qui me donne un *arc de* 20°. Je viens au facteur 15°, que je trouve aussi à l'hexagone, mais × 4. Je prends donc *le quart* du même arc qui valait tout-à-l'heure 20° × 3, et j'obtiens un arc de 15°, que j'ajoute à celui de 20°, ce qui fait par-conséquent un arc de 35°.

Autre exemple. On propose de prendre un arc de 125° sur une circonférence donnée. D'abord, j'observe que 125° = 90° + 35°. Je commence donc par prendre un arc de 90° par le moyen *du côté du carré inscrit* : il me reste à trouver l'arc de 35°. Or ce nombre = 20° + 15°; mais, comme on ne trouve pas dans la table le nombre 15 sans fraction,

je suis obligé de chercher deux autres facteurs de 33 , par exemple 15 et 18 : je trouve ,
dans la table , 15° au triangle ; à l'hexagone
et au carré ; mais je prends à ce dernier
pour plus de promptitude, attendu que j'ai
déjà l'arc sous-tendu par le côté du carré : j'ai
donc 15° × 6. Ainsi , je divise en six parties
égales l'arc de l'angle droit, ce qui produit
six arcs de 15° chacun. Je trouve également
au carré 18° × 5 : or, en divisant l'arc de
l'angle droit en cinq parties , j'ai 5 arcs de
18° chacun. Alors ajoutant sur la circonférence proposée , un arc de 18° à celui de 15°,
on aura l'arc de 33°, lequel, réuni à celui
de 90° formera l'arc demandé. Cette solution donne donc en même tems un *angle*
de 123°. —

On a pu remarquer que nous n'avons opéré
que pour trouver des arcs contenant quelque nombre *entier* de degrés. S'il y avait des
fractions de degré dans le nombre proposé,
il faudrait voir dans la table quels seraient
les *facteurs fractionnaires* des angles au centre , qui , par-hazard , pourraient satisfaire à
la question.

On peut encore obtenir , sans instrumens
rapporteurs la mesure d'un bon nombre d'angles , en retranchant , les uns des autres ,
les arcs des angles au centre des polygones :
par exemple pour avoir un angle de 12°, je
n'ai qu'à ôter l'arc de l'angle au centre de
l'hexagone de celui du pentagone et j'ai

72° — 60° = 12°. Si je voulais un arc de 21°, je retrancherais l'arc de l'angle au centre du dodécagone de celui du pentagone, et j'aurais 72° — 30° = 42°, dont la moitié est 21°. De même, pour avoir un arc d'un, de deux ou de trois degrés, l'on retrancherait D (V. la table) de $\mathcal{E}$, et le *quart* du reste serait *un degré*, comme la moitié serait 2°. Ensuite D — $\mathcal{O}$ vaudrait 6° dont la moitié = 3°. On aurait 5° par O — $\mathcal{E}$: ainsi de suite.

Nous ne croyons pas qu'il soit hors de propos de recommander, *pour la pratique*, d'apporter, dans tous les cas, les précautions les plus scrupuleuses dans le tracé des figures. Par exemple, que les pointes des compas soient fines, et qu'on ait soin de ne les jamais enfoncer trop dans le papier ; car dans le cas où celui-ci serait troué par elles, la grosseur des pointes du compas en dessus serait plus considérable qu'en dessous du papier, ce qui donnerait des ouvertures dont on ignorerait le centre véritable, et l'on serait ainsi induit en erreur sur la longueur réelle des traits, lesquels doivent être très-nets et très-déliés, passant toujours exactement par les points nécessaires : en outre, d'avoir un papier assez ferme pour qu'il ne fasse pas de mouvemens et ne se tourmente point sous la règle et l'équerre ; de plus, qu'il soit posé ou fixé sur un plan bien uni. Quelque fois aussi l'on croit avoir bien pris le quart d'un arc ou d'une droite, et quand on arrive à la 4ᵉ portée l'on trouve du plus ou du moins : il importe, dans des cas semblables, d'examiner en détail si toutes les parties de la figure sont précisément dans la place et selon les dimensions voulues, et si les instrumens eux-mêmes ne laissent rien à désirer. Toutes ces petites attentions concourrent efficacement à l'exécution rigoureuse d'une opération graphique.

Je termine ce faible ouvrage par le vœu bien sincère qu'il soit utile. Il pourrait être sans-doute beaucoup plus parfait : mais, tel qu'il est, je le donne volontiers, me constituant seul passible de ses nombreuses imperfections. Je n'ai pu écrire que comme un amateur des sciences, et non comme un savant ; car mes connaissances ne s'étendent point au-delà des élémens : j'ose donc compter beaucoup sur l'indulgence de mes lecteurs.

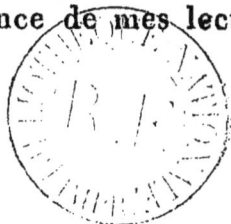